# もったいない社会をつくろう

## ――後始末科学のススメ――

広瀬　立成

本の泉社

# はじめに

これから、持続性について考えていこうと思います。ただし、ここでは、科学的に持続性をとらえていきます。「科学的」というと、腰を引いてしまう人がいますが、そんなに片苦しく考える必要はありません。要するに、合理的に考えていこう、ということです。

たとえば、ここに手の平にのるくらいの「石ころ」があったとして、「この石ころは、大きいか小さいか？」と尋ねたとしましょう。Aさんが「小さい」と言ったとき、Bさんは「大きい」と答えました。さて、Aさんが正しいか、Bさんが正しいか、皆さんはどちらに軍配を上げますか。

この勝敗は、決着がつかないでしょう。なぜなら「大きい、小さい」というのは、個人の感覚によって変わるからです。こんなとき、「この石は、重さが1キログラム」とか「長さが10センチ、幅が5センチくらい」だといえば、誰もが一致して、ほぼその大きさを想定することができます。本書では、このような科学的な姿勢で、持続性の基本を考えてみたいと思います。「持続性」は、石ころよりもはるかに複雑ですが、その本質を科学の力で解明しようというわけです。

ここで示したスライドは、２０１４年9月28日、大津市で開かれた「自治体問題全国集会、第三分科会：循環型社会形成と環境問題～ゼロ・ウェイストを目指して」での講演をもとにしています。そこでは、ごみの〝燃焼〟を科学的な立場からとらえ、日本のごみ処理の非持続性を指摘しました。

「ごみを燃やせば町がきれいになる。町の美化のため、ごみはさっさと燃やそう」と考えている人はいませんか。たしかに、燃やせば、一見したところ、身の回りはきれいになります。しかし、それは、先ほどの「石ころは大きいか、小さいか？」という問いかけに、「大きい」、あるいは「小さい」と答えているようなものです。「きれいになる」とはいっても、それは見た感じであって、本当にごみが消滅しているわけではありません。

ここで大切なのは「科学の目」です。

まず、焼却炉に投入したごみが、焼却によってどのような道筋をたどるかを考えてみます。ごみは、燃えて熱を放出しつつ、最後は煙突から煙になって空気中に出ていきます。また、燃えかすとしての焼却灰も焼却炉の底に残ります。「科学の目」は、焼却にかかわるすべての物質や熱エネルギーを取りこぼしなく見ていきます。それは名探偵が、怪しいと思われる人物と、その人物がおかれたすべての状況を把握して、犯罪のストーリーを解明することに似ています。

こうして、「科学の目」は、燃焼には「ごみ、熱、焼却灰、煙」が関わっていることを明らかにします。日常生活で私たちは、このなかの「ごみ」だけを見て、「きれい、きたない」と感じているのですが、ごみの処理には、ごみ以外にも、3種の共犯者がいるのです。そして、重要なことは、むしろ共犯者が持続性の実現にとって重要な役割を演じていることです。

さてこれから、皆さんと一緒に、共犯者探しにとりかかりましょう。共犯者の余り細かい動きにとらわれず、スライドを見ながら事件の大筋をつかんでください。

# 《目　次》



デザイン（表紙・図・イラスト）：遠藤まり子

# １．持続性の基本

## （１）質量転化率

相対論で持続性の秘密が分かるなんて、
アインシュタイン博士も目を丸くしそう。

【キーワード】
質量転化率、一般エンジン、エネルギー効率

1．持続性の基本（1）質量転化率

# 自然界のもっとも基本的なしくみ

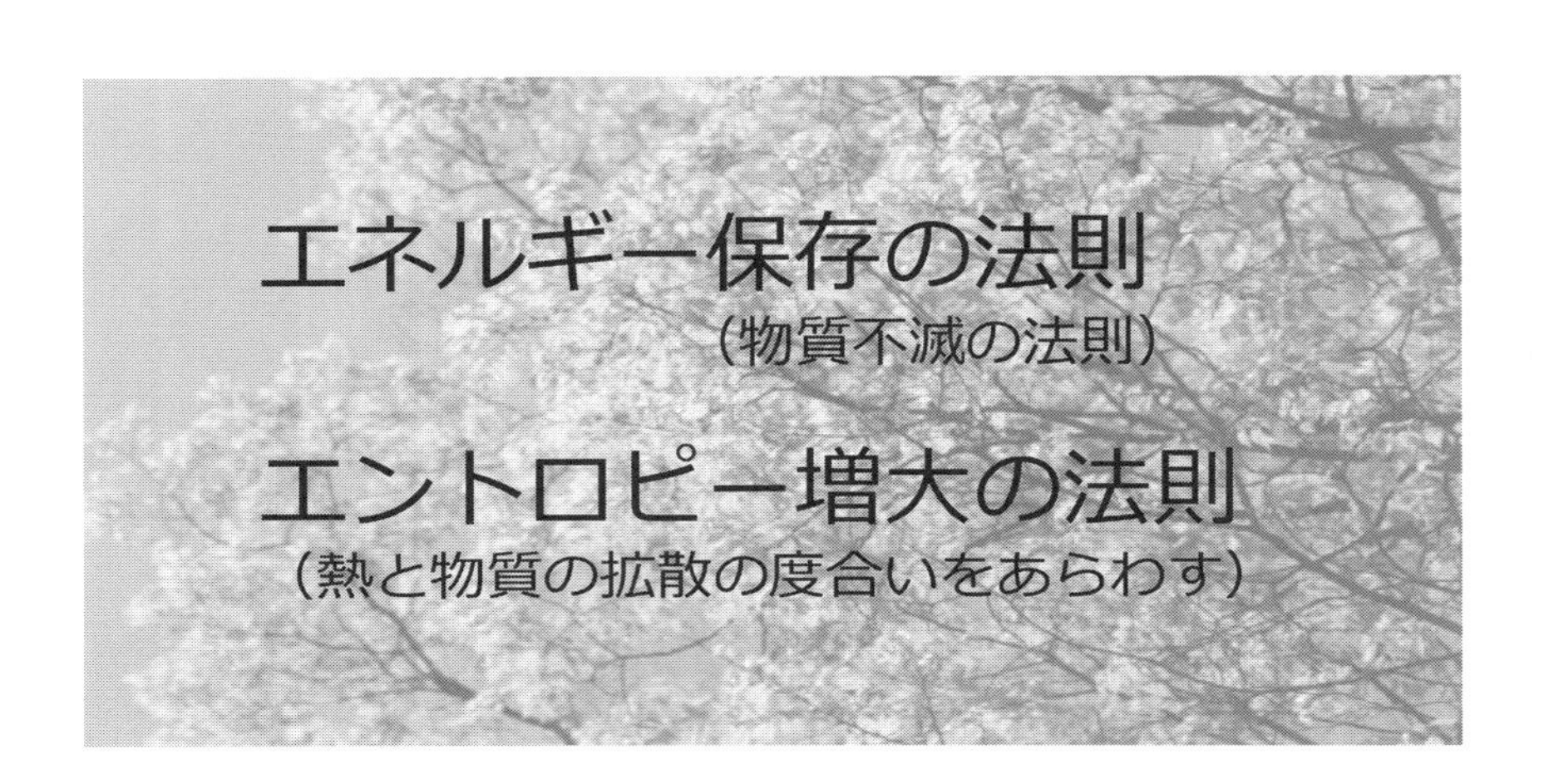


## 自然界のもっとも基本的なしくみ

さて、スライドに記したように、２つの物理法則が出てきました。エネルギーには、いろいろな種類がありますが、身近なものとして、運動エネルギーを考えてみましょう。物を動かす能力が「運動エネルギー」です。たとえば、ボールを投げたとき、「はじめに与えたエネルギーが、ボールの得たエネルギーに等しい」というのが「エネルギー保存の法則」です。エントロピーとは、「乱雑さの度合い」のことです。自然界では、何もしなければ、かならず元の状態は乱雑になっていきます。コップの水に落としたインキが広がっていくのが、その例です。エントロピーは増大するのです。

※「エネルギー保存の法則」を熱力学第一法則、「エントロピー増大の法則」を熱力学第二法則とよびます。このことからも、２つの法則が、自然界の基本的性質を表す２大法則であることがうかがわれます。

1．持続性の基本（1）質量転化率

# エネルギーと質量は、互いに転化する

特殊相対性理論

$$E=mc^2$$

E：エネルギー
m：質量
c：光の速さ（一定）

## エネルギーと質量の相互転換

20世紀最大の物理学者アインシュタインは、1905年（26歳）、特殊相対性理論を発表し、エネルギーE、質量m、光の速さ（光速）cの間に、「$E=mc^2$」という関係があることを発見しました。ここで、質量は、重さと考えてさしつかえありません。光速cは、1秒間に30万キロメートル（km）の距離を走りますが、これは、地球7回り半に相当し、この世の中で最高のスピードです。

質量とエネルギーはそれまで関係がないと考えられていたのですが、この法則は、それらがたがいに深くかかわっていることを明らかにしました。身の回りにある、テレビ、冷蔵庫、洗濯機、自動車……などは、エネルギーなしでは動きません。重要なことは、「$E=mc^2$」によって、さまざまなエネルギー（E）を生産するためには、かならず、質量（m）の消費がともなっていることです。では、消費される質量とは何でしょうか？

1．持続性の基本（1）質量転化率

# すべての活動体はエンジンだ！

一般エンジンの仕組み

1．資源を取り込んで、
2．エネルギーを生産し、
3．そして、ごみを排出する。

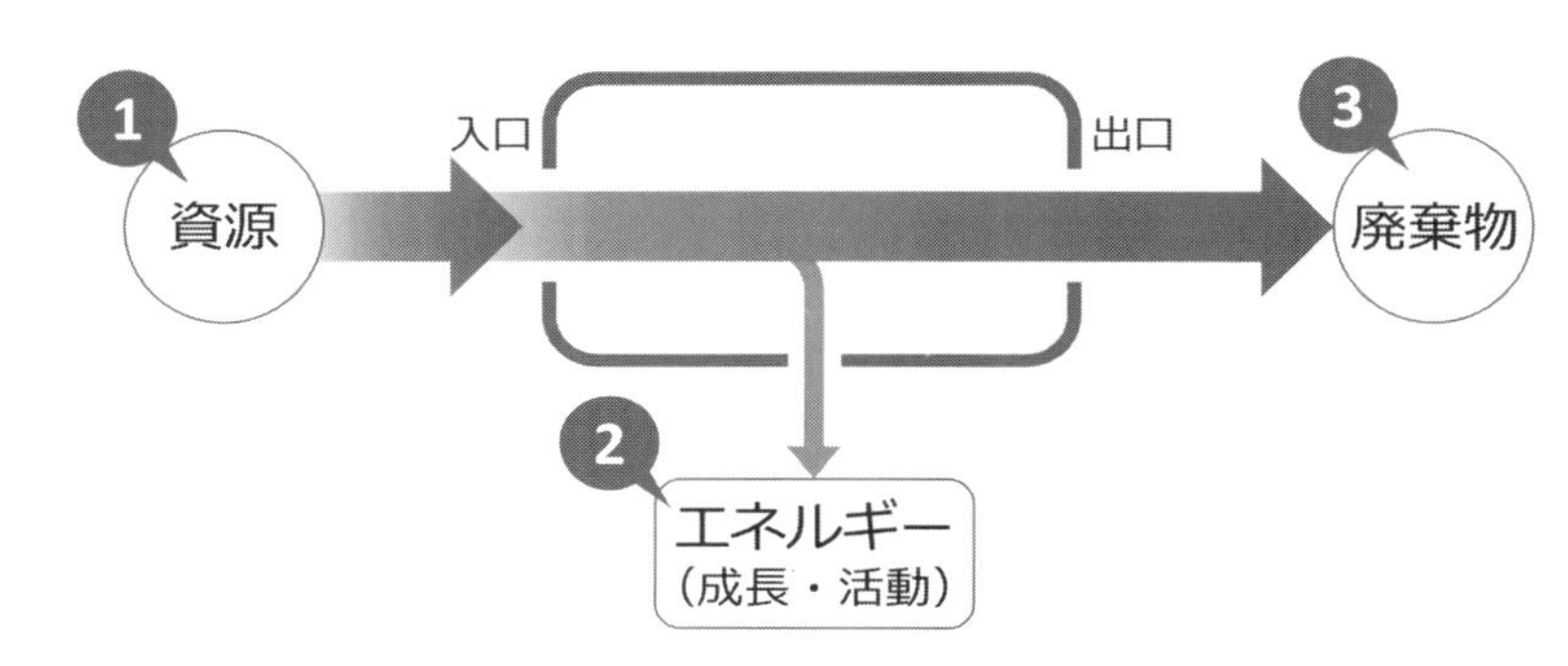


## すべての活動体はエンジンだ！

世の中には、生物、無生物をとわず、さまざまな活動体があります。その活動体は、「①資源を取り入れ、②エネルギーを生産しつつ、③廃棄物を放出する」という一般的なしくみを備えています。これを「一般エンジン」とよぶことにして、図のようにあらわします。

自動車のエンジンでは、資源はガソリンで、それを燃やして運動のエネルギーを発生し、廃棄ガスを放出します。私たち人間をふくむ生物も、資源としての食物をとりこみ、エネルギーを生みだし、いらなくなったものを排泄します。

現代文明は、石油の燃焼によって発生するエネルギーによってなりたっています。そこで、一般エンジンを見ながら、エネルギーを得るために消費する石油の量を見積もりたいのですが、アインシュタインの相対性理論が発表されるまでは、質量とエネルギーは別物と考えられていました。

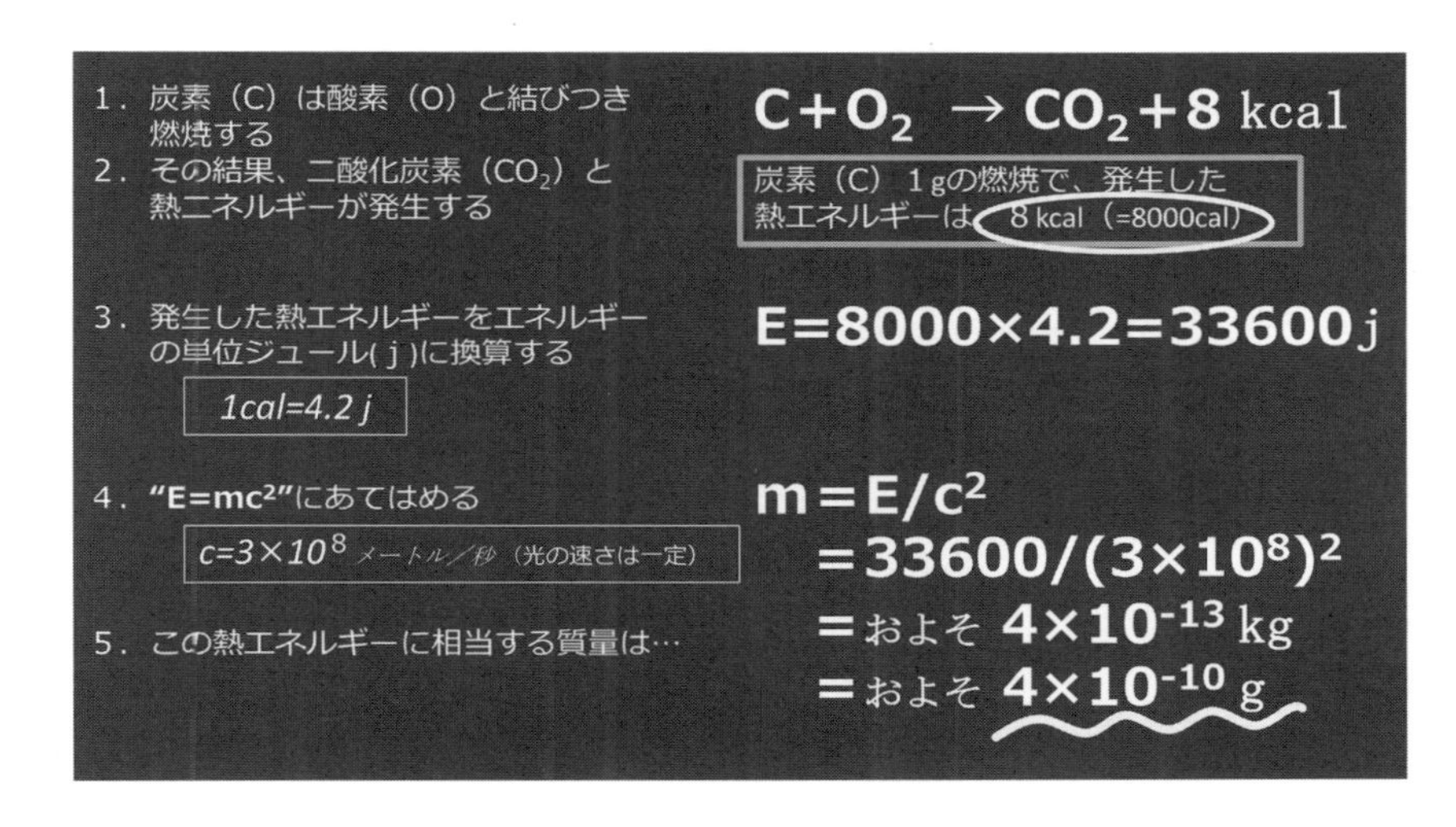


## 炭素の燃焼と熱エネルギー

相対性理論から導かれる「$E=mc^2$」によって、はじめて、エネルギーEと質量mの関係を定量的に議論することができるようになりました。つまり、資源、エネルギー、廃棄物質のすべてが、質量（あるいはエネルギー）という同じ種類の量で比較できるのです。そこで、この新しい事実を、一般エンジンのしくみに当てはめて、現代文明を成り立たせている石油の燃焼を調べてみましょう。燃焼とは、スライドに示したように、炭素（C）1グラム（g）に対して、8キロカロリー（kcal）の熱エネルギーが発生します。そこで、このエネルギーを質量に換算すると、2つのことが明らかになりました。

（1）発生するエネルギーは、資源の100億分の4にすぎない。

（2）資源の大部分は廃棄物質になって、まわりの環境に放出される。

算数が苦手な人は、結果だけを見て、（1）、（2）を確かめてください。

# 質量転化率とエネルギー効率

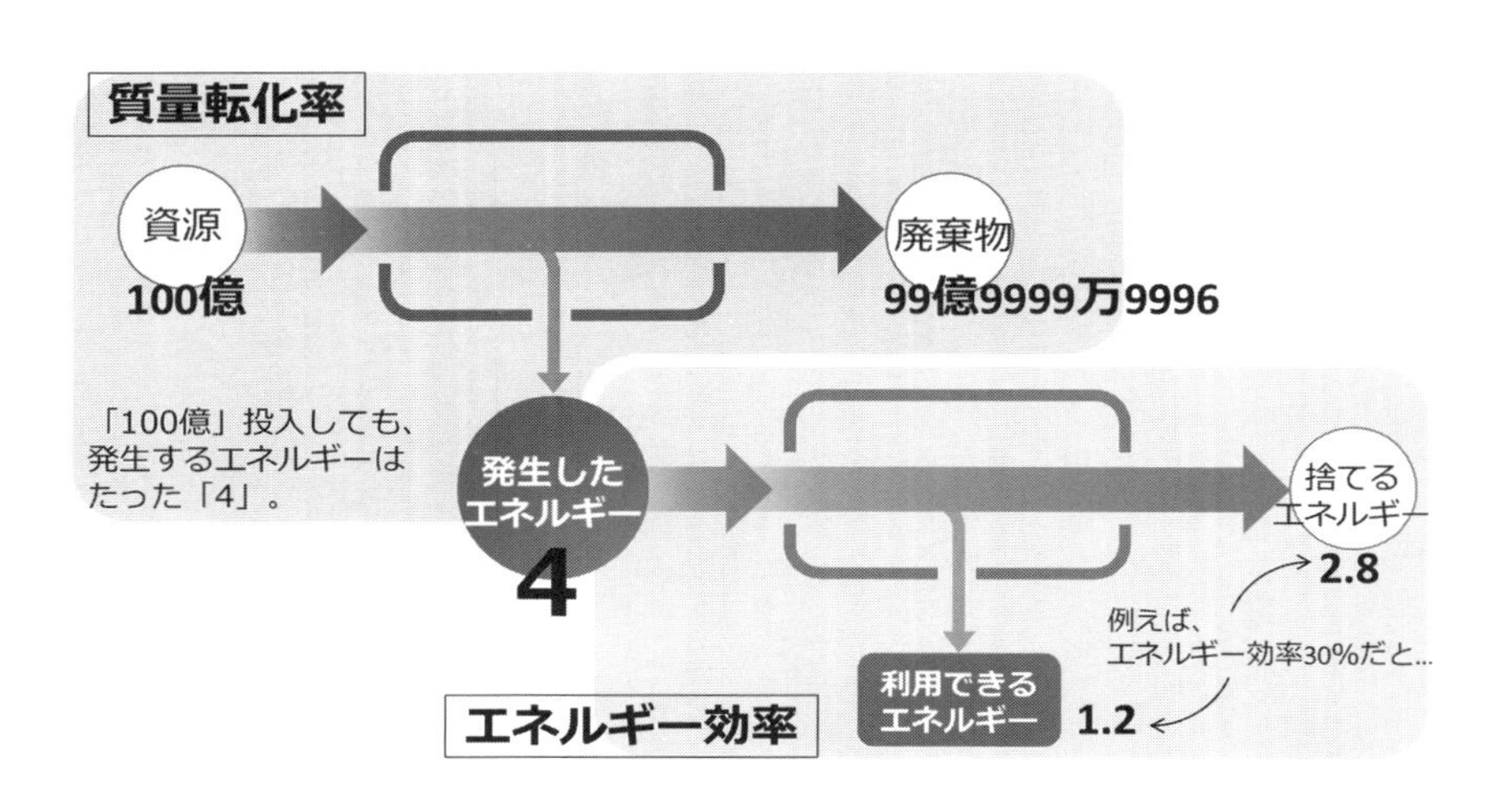


## 質量転化率とエネルギー効率

そこで、一般エンジンに100億単位の資源（石油）を投入してみます。発生するエネルギーはわずかに4単位で、残りの99億9999万9996単位は廃棄物質として、一般エンジンから放出されてしまうのです。石油の燃焼では、廃棄物質は主として、温室効果ガス（二酸化炭素：$CO_2$）です。こうして、石油文明の実態が明らかになってきました。

その特徴は、「莫大な量の資源と廃棄物質、超微少なエネルギー」という構図です。今日人間は、エネルギーを得るために、その数10億倍もの資源を使い、そのほとんどを廃棄物質として環境に放出しているのです。資源がエネルギーに転化する割合を「質量転化率」とよぶことにします。燃焼の質量転化率は、100億分の4です。

このような無駄の多い文明が、長続きするとは考えられません。

「エネルギー効率」は「質量転化率」とは全く別の概念です（スライド参照）。

1．持続性の基本（1）質量転化率

# 物質不滅の法則

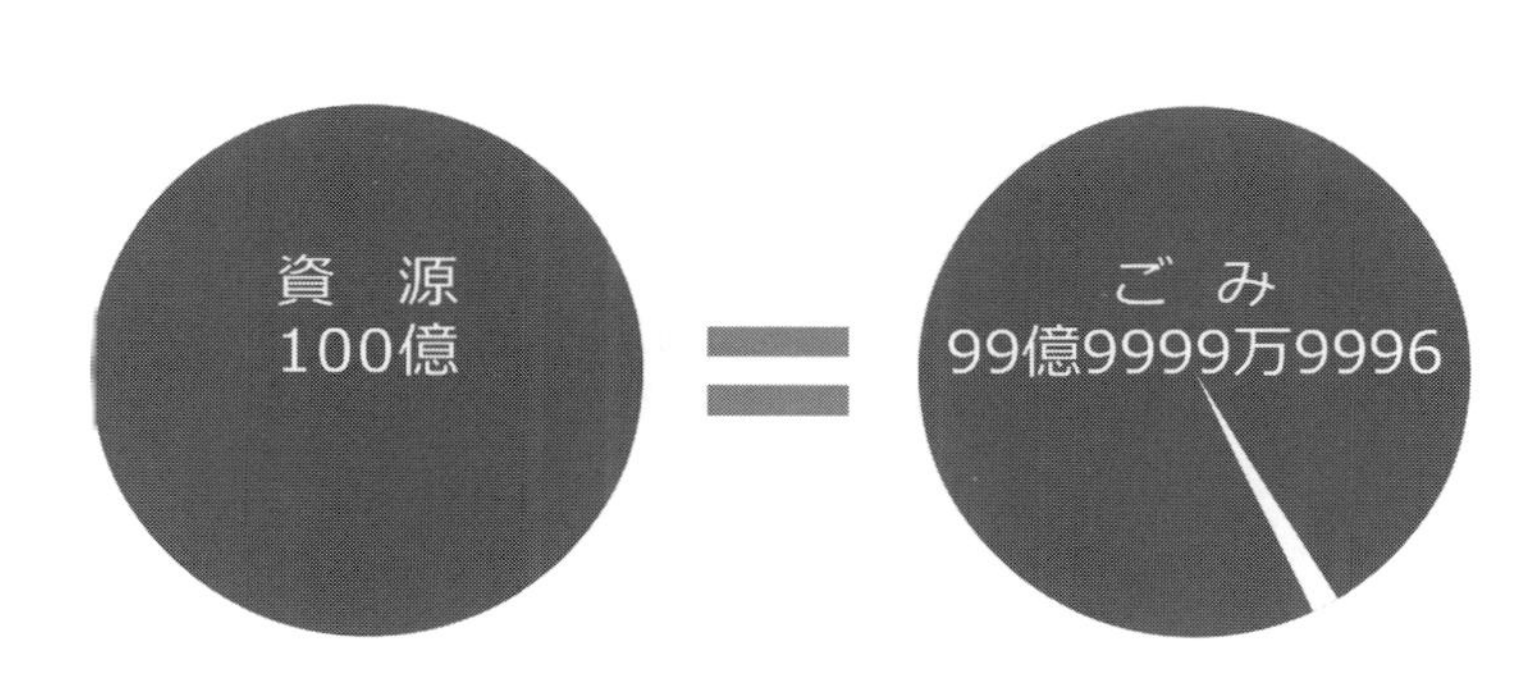


## 物質不滅の法則

石油の燃焼をまとめてみるとスライドのようになります。この図から、次のような結論が引き出せます。「大量の石油を燃やしても、そのほとんどを廃棄物質（ごみ）として大気中に捨て、ごく微少なエネルギーを生産するにすぎない」と。

今日、72億人の人間が、100億分の4のエネルギーにすがって生きています。このなかには、開発途上国も含まれていて、今後人口の増加とともに、世界のエネルギー消費量も格段に増えるでしょう。このことから、持続性を損なう2つの危機が読み取れます。

第一は、石油などの資源の枯渇です。第二は、莫大な廃棄物質による温暖化や健康被害が加速されることです。石油の枯渇は、100年とも200年ともいわれていますが、確実に未来世代に大きな苦しみを与えるでしょう。温暖化はすでに世界的な異常気象を引きおこし、日本でも、2014年秋、広島で、猛烈な雨による土砂災害がおこりました。

## ステップアップ1：相対性理論

### 1）時間、空間、質量

物理学の一分野に「力学」があります。力学の基礎となる物理量は、「時間、空間、質量」です。18世紀はじめ、ニュートンによって作られた「古典力学」では、時間、空間、質量は、「誰が、いつ、どこで」測っても一定不変です。ところが、1905年、アインシュタインは、「特殊相対性理論」を発表し、時間、空間、質量が、観測者によって変わりうることを示します。200年にわたり信じられてきた、ニュートンの古典物理学に修正を迫った「特殊相対性理論」は、基礎物理学の大革命とよばれています。

アインシュタイン26歳の年、1905年は「奇跡の年」といわれます。この年、彼は、4つの画期的な論文を発表しました。第4論文が、本書でとりあげる「$E=mc^2$」に関する理論です。これは、世界一重要で、世界一簡単な方程式とよばれています。

この理論は、エネルギー（E）と質量（m）が**"等価"**であることを示しています。つまり、止まっている物質も、その質量mに光速cの2乗をかけた分（$mc^2$）だけのエネルギーを秘めているのです。ニュートン力学では、このようなことはありません。「$E=mc^2$」が正しいことは、実験で確かめられています。

### 2）特殊相対性理論と一般相対性理論

アインシュタインは、1905年に「特殊相対性理論」を発表した後、1915年、「一般相対性理論」を発表しました。力（重力）が働かない場合（慣性系）の理論「特殊相対性理論」が、重力場のなかで成り立つ理論「一般相対性理論」に拡張されたのです。この理論は、重力によって、時間と空間がゆがむことを予測します。これは、1919年、イギリスのエディントンらの実験によって実証されました。

### 3）「エネルギー効率」とは

「エネルギー効率」とは、発生したエネルギー（p.10のスライドでは4単位）に対して、利用できるエネルギーの割合です。スライドに見るように、「エネルギー効率30%」としたとき、発生した4単位のエネルギーのうち利用できるエネルギーは、$4 \times 0.3=1.2$単位です。ここでも、$4 - 1.2=2.8$単位のエネルギーはまわりの環境に捨てられることになります。大切なことは、もとの一般エンジンに立ち返って、資源と廃棄物に目を向けることです。

### 4）$10^8$

スライドに$10^8$のような表記が出てきますが、これを10の8乗とよびます。大きな数字を簡単に表す表記で、$10^8$は1の次に0を8つ並べた数、すなわち$10^8 = 100000000$（1億）。

また、$10^{-8}$は、$10^8$の逆数で、1億分の1を表し、次のようになります。

$10^{-8} = 1/10^8 = 0.00000001$（1億分の1）

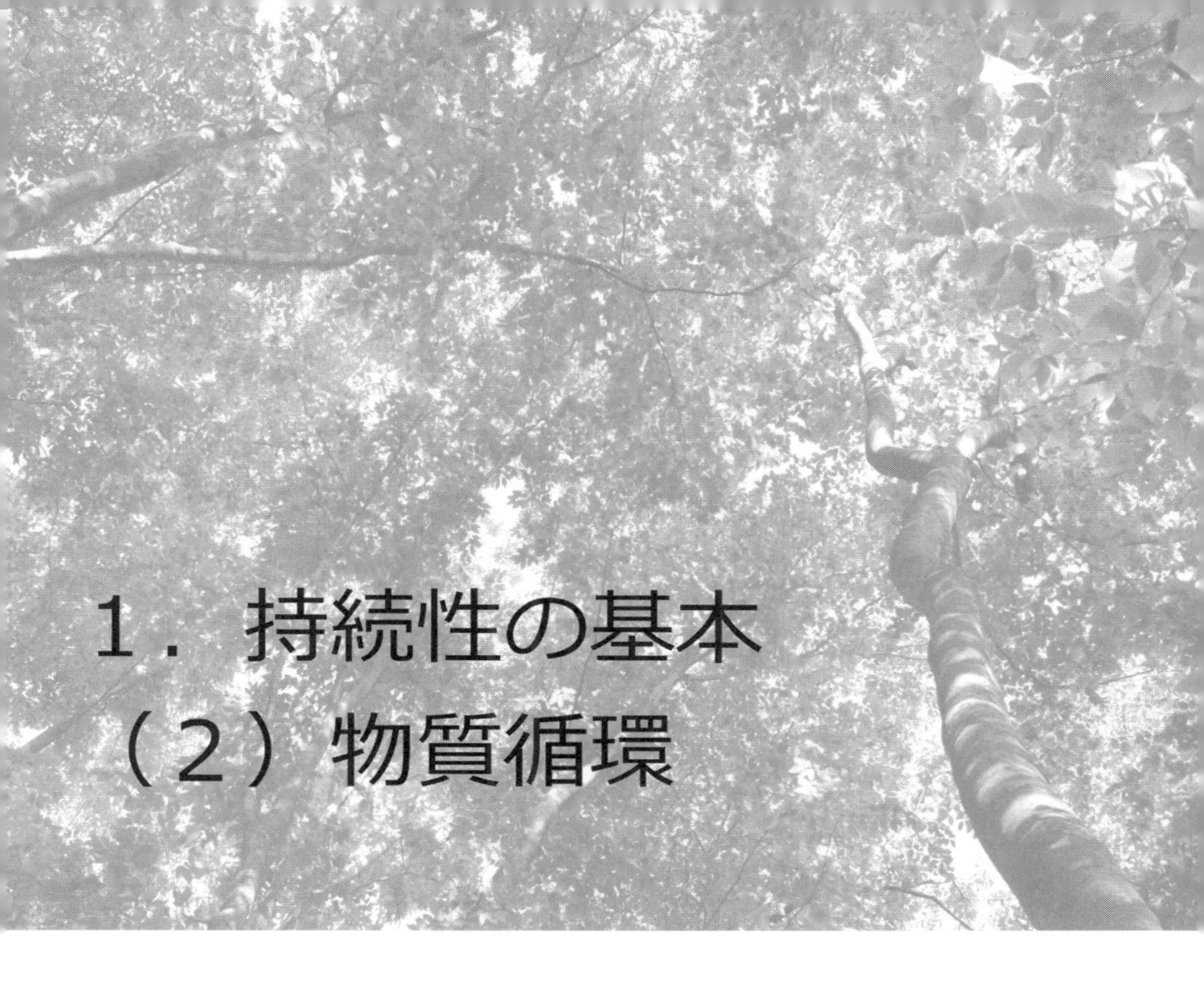

# １．持続性の基本
## （２）物質循環

物質も熱もぐるぐるまわるんだ！

【キーワード】
水の大循環、生物循環

# 持続性とは　～真の物質循環～

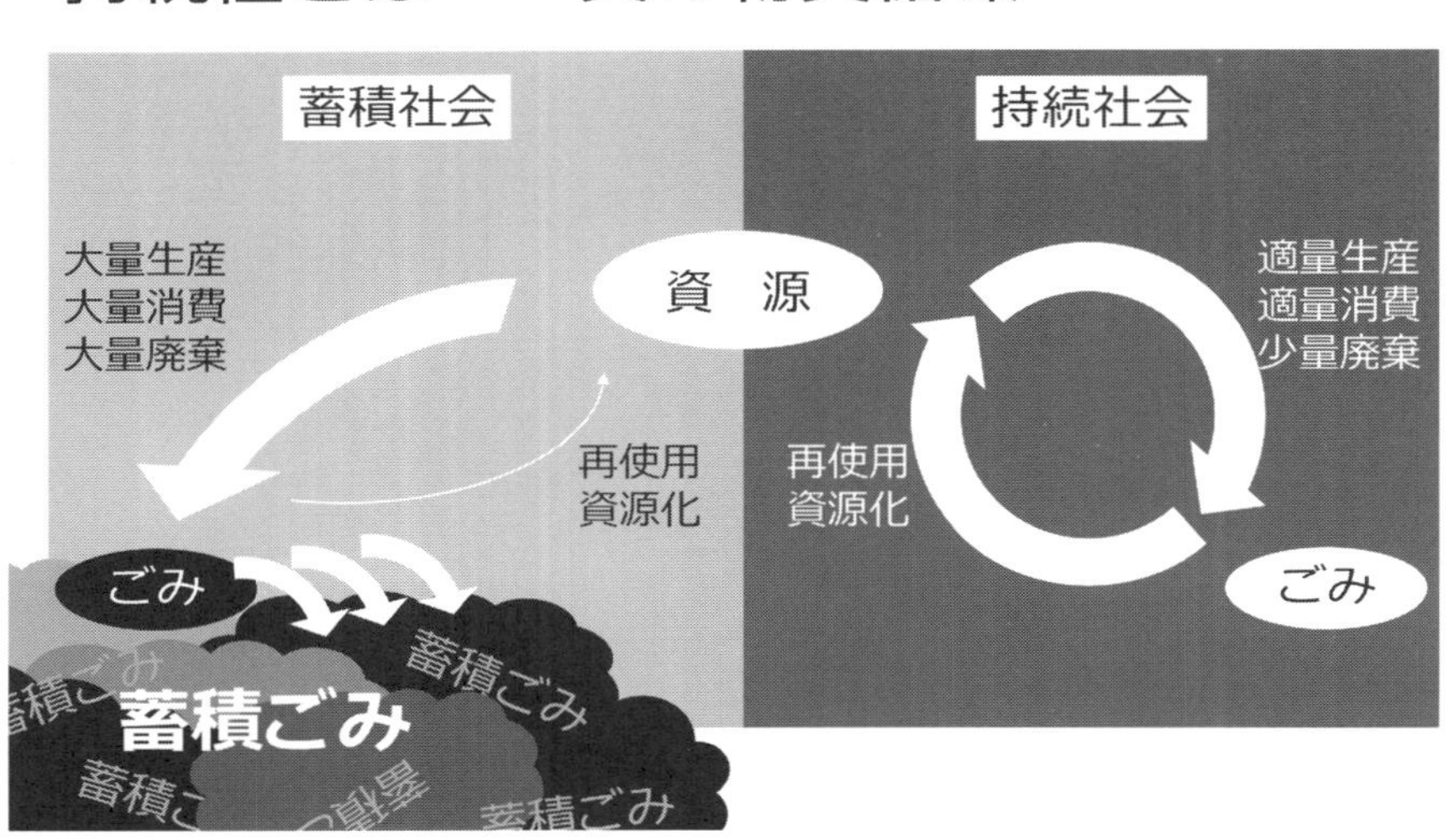


## 持続性とは

物質が循環する社会は、「適量生産・適量消費・少量廃棄の社会」です。ここでは一般エンジンから放出された物質（ごみ）が再使用されたり、資源にされたりして蓄積しません。これは、物質がぐるぐるまわる「持続社会」です。

これに対して、今のような「大量生産・大量消費・大量廃棄の社会」では、使ったものがごみとして溜まって行く「蓄積社会」、すなわち「非持続社会」です。

ごみは、「どこでも、だれでも、毎日出す」もので、人間生活とは切っても切れないものです。持続社会のごみ処理の基本は、「ごみになるものを作らない、ごみを燃やさない、ごみを埋め立てない」です。日本では、年間5000万トンにのぼる莫大なごみが排出されていて、ゴミ処理には、年間2兆円という巨額の税金が使われています。

※時どきこんなことを考えます「ごみを半分にすれば、一兆円が浮くはず。それを、子どもの教育や老人の医療につかえば、もっと住み良い社会でできるのではないか」と。

## 水の大循環

物質とともに、もう一つ循環するものがあります。「熱」です。

活動をすれば熱が出るのは、活動体（一般エンジン）の基本的な性質です。物質が乱雑になって行くのが一方通行の現象であるように、熱もまた、時間とともに発散し冷えていきます。では活動で生じた熱は、どこに、どのようにして、捨てられるのでしょうか。

熱の運び屋は、どこにでもある水です。水が蒸発して熱を奪うのです。このことは運動すると汗が出ることからも分かります。熱を奪った水蒸気は、空気より軽いので上昇し、上空数千メートルに達すると冷えて、液体の水や固体の氷になります。そして、雨や雪になって、ふたたび地球に帰ってきます。こうして、利用価値の小さい「高エントロピーの水」は、エントロピーを宇宙に捨てた後、利用価値の大きい「低エントロピーの水」となって地球にもどってくるのです。

生命は、この水を利用して生きているのです。

## 宇宙にごみ（熱）を捨てる

地上にすむ人間は、地域で産出した食物を地域で消費します。これを「地産地消」とよびます。地球上にはいくつもの地産地消域がありますが、そのまわりの地中、海中、大気中にも多くの生物がすんでいます。この「生命圏」は、地上と水中、それぞれ10キロメートル（km）ほどの広がりをもち、魚、昆虫、動物、鳥などが生息しています。生命圏の外側には「大気圏」があります。これは、動物・植物が必要とする酸素、二酸化炭素、窒素などの巨大な貯蔵庫です。地球は、40億年という長い年月を経て、このような生命維持のしくみを作ってきました。

※1961年4月12日、ソ連（当時）の宇宙飛行士、ガガーリンは、4・7トンの宇宙線に乗り、世界で始めて大気圏外に飛び出しました。そのとき彼がもらした「美しい！　地球は青かった」という言葉は、ありふれた水が、生命の繁栄をもたらす主役であることを思い起こさせる名文句でした。

# 持続性のしくみ　～生物の循環～

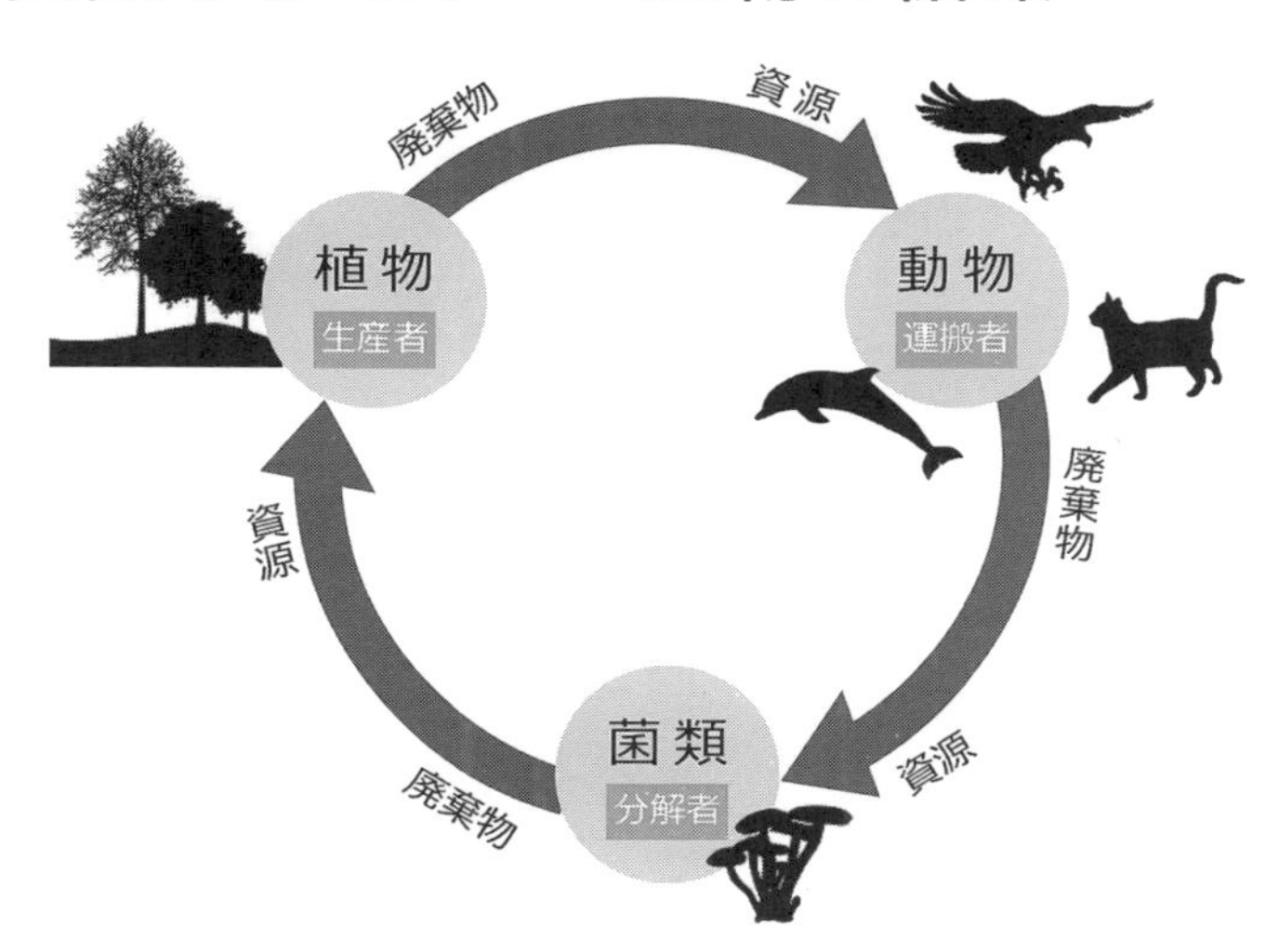


## 持続性のしくみ

持続社会を作るためには、物質と熱の循環が必要です。地球には、「植物、動物、菌類」の絶妙な協調関係があって、物質を使い回していることがわかります。

植物は、空気中から二酸化炭素（$CO_2$）を、根から水を吸収し、光合成によってデンプンを製造します。こうして成長した植物は、草食動物のえさになり、また、酸素を動物に提供します。このような関係から、植物を「生産者」、動物を「消費者（運搬者）」とよびます。

ところで、動物はいつか死に植物も枯れ、そのままでは地表には動物の死骸や枯れた植物が蓄積することになります。しかし自然は、物質の蓄積を乗り越える巧妙なしくみを土中に備えているのです。その主人公は、小動物と菌類です。ミミズ、ダニ、トビムシ、線虫などは、落葉や死骸を細かく砕き、さらにそれを菌類が、リン、カリ、チッソなどの元素に分解し、植物に栄養を提供します。菌類は「分解者」とよばれています。

# 持続社会の本質

現状：日本のごみ政策＝非持続的

作る
燃やす
埋め立てる

理想：持続社会のごみ処理

作らない
燃やさない
埋め立てない

## 持続社会の本質

地上で発生した熱は「水の大循環」という巧妙なしくみによって、宇宙空間に廃棄されます。「そんなことをしたら宇宙に熱がたまるのでは？」と心配することは取り越し苦労です。宇宙は気が遠くなるほど大きいのです。

生命は、40億年という長大な地球の歴史のなかで、「植物、動物、菌類」の絶妙の連携プレーによって、物質循環のしくみを作りあげました。このような自然の成り立ちは、人間社会にも、大きな示唆を与えます。

物質が循環する持続社会を作ろうとすれば、私たちが毎日接するごみを蓄積させないで循環させるようなしくみを作ることです。それは、「ごみになるものを作らない、ごみを燃やさない・埋め立てない」という持続的なごみ処理法へ転換することです。

## ステップアップ1―2

### 1）熱とは何か

熱は、分子運動の激しさを表し、絶対温度（ケルビン、K）に比例します。日常生活で使う温度がセルシウス度（C）で、絶対温度とは、次のような関係があります。

**絶対温度（K）＝セルシウス度（C）＋273**

絶対温度０度（０K）は、分子が止まってしまう温度ですから、０K以下の温度はありえません。

### 2）一方通行の現象

高温物質と低温物質を接触させると、熱は高温物質から低温物質へ流れ、その逆は起こりません。熱の伝導は一方通行の現象です。今度は、ビーカーに水を入れ、そこにインキを一滴落とします。インキはだんだん広がっていき、おしまいには見えなくなってしまいます。広がったインキが、集まることはありません。物質もまた、広がっていくという一方通行の性質をもってます。

熱と物質の広がり具合（乱雑さの度合い）は、「エントロピー」という概念で統一的に理解できます。自然現象では、かならずエントロピーは大きくなっていきますが、これが「エントロピー増大の法則」です。少し雑な表現ですが、この法則は、「きれいなものは汚れる」と表現することができます。

「一般エンジン」で見てきたように、燃焼では、

**資源の質量＝発生するエネルギー（質量に換算）＋廃棄物質の質量**

が成り立っていますが、これが「エネルギー保存則」です。

他方、固まっていた資源が、気体となって広がったのですから、乱雑さの度合い（エントロピー）が大きくなったことが分かります。「エントロピー増大の法則」がなりたっているわけです。

# 2．ごみと持続性

「ごみを燃やせばきれいになる」なんてとんでもない！
身の回りはきれいになっても、大気は汚れている!!

【キーワード】
最終処分場、ゼロ・ウェイストの４Ｌ、
拡大生産者責任

2．ごみと持続性

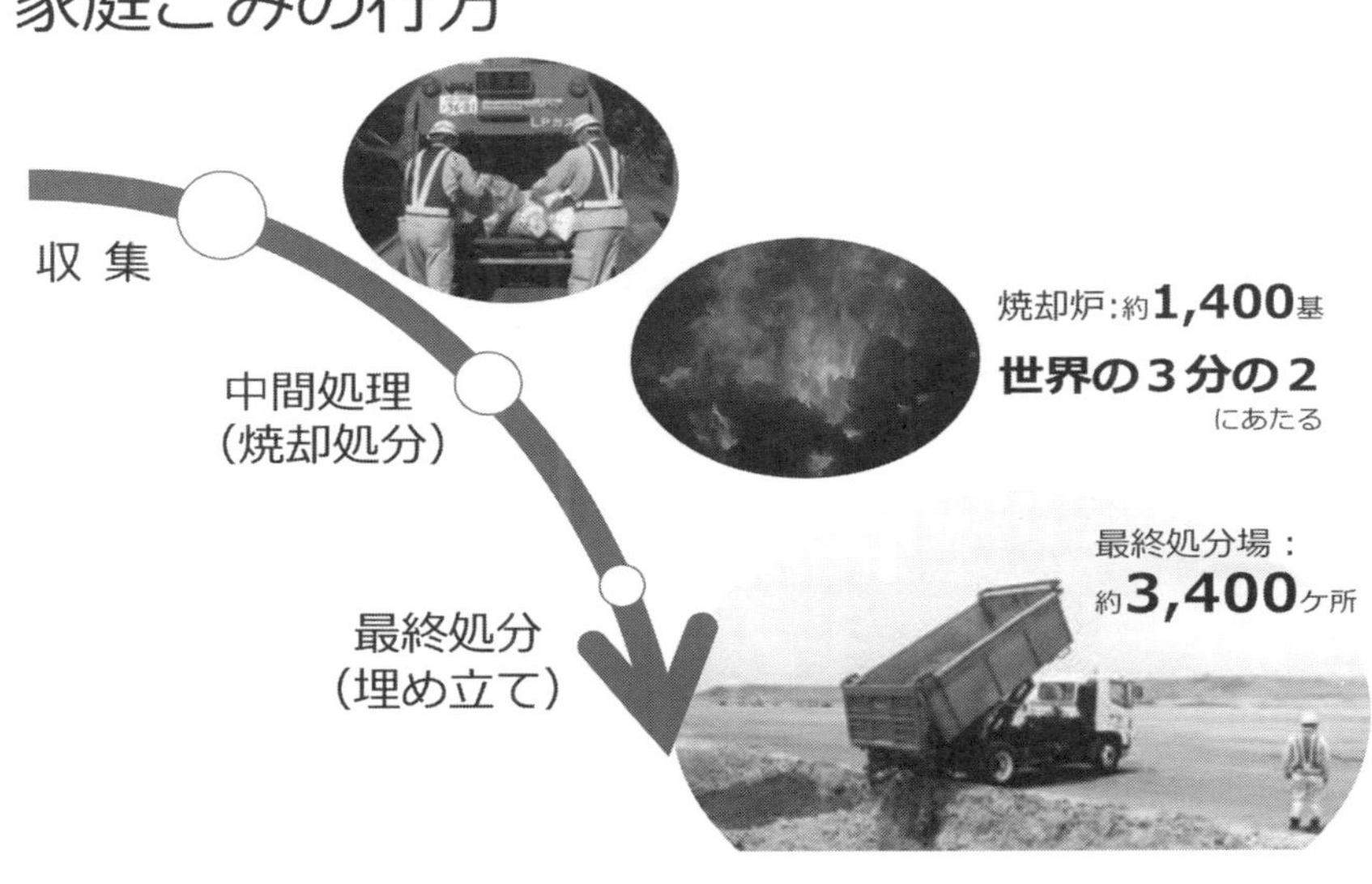


## 家庭ごみの行方

ごみを題材として、持続性の中身を具体的に見ていきます。

日常生活から出されるごみを、「一般廃棄物」といいます。ここに示したのは、「収集、中間処理、最終処分」という一般廃棄物を処理する3段階です。

日本では、「燃やせるかどうか」でごみを分けますが、外国では「資源化できるかどうか」によって分類します。ここに、燃焼に依存する日本のごみ処理の特徴が現れています。

収集されたごみは、中間処理施設に運ばれ、燃やされます。

焼やしたあとに残った焼却灰は、健康被害を及ぼす有害物質を含んでいるので、特別に管理された区域「最終処分場」に運ばれ埋め立てられます。

※東京多摩地区の最終処分場のデータによれば、埋め立て地から有害物質が放出され、健康被害を及ぼしています。

# 世界の焼却炉、３分の２が日本にある

焼却施設
約**1,400基**
世界の3分の２

ごみの量
**年間5,000万トン**
東京ドーム136個分

処理費用
**年間２兆円**
国民一人当たり
16,000円の負担

**税金で使い捨てを推進！**

## 世界の焼却炉

日本では、年間、約５０００万トンという莫大な一般ごみが廃棄され燃やされています。

現在日本には、約１４００基の焼却炉と３４００ヵ所の最終処分場があります。「(ごみを) 作る、燃やす、埋め立てる」というやり方は、非持続社会の典型ともいうべきものです。私たちは、年間２兆円という莫大なゴミ処理費用を払いながら、環境を汚染しているのです。一般ごみとは別に、その８倍（約４億トン）もの産業廃棄物もあって、同じように処理されています。石油文明も、燃やすと言う点では、ごみ処理と「同じ穴のむじな」です。

石油を燃やすことで環境汚染が進み、非持続的な文明が拡大します。ごみを燃やさないで資源にすることは、非持続的な文明を持続的な文明に転換するための身近な試みです。

2．ごみと持続性

# 最終処分場は非持続社会の典型

平成18年（2006年）を境に
小学校の喘息児童が激増。

この年、日の出エコセメント
工場が稼働した。

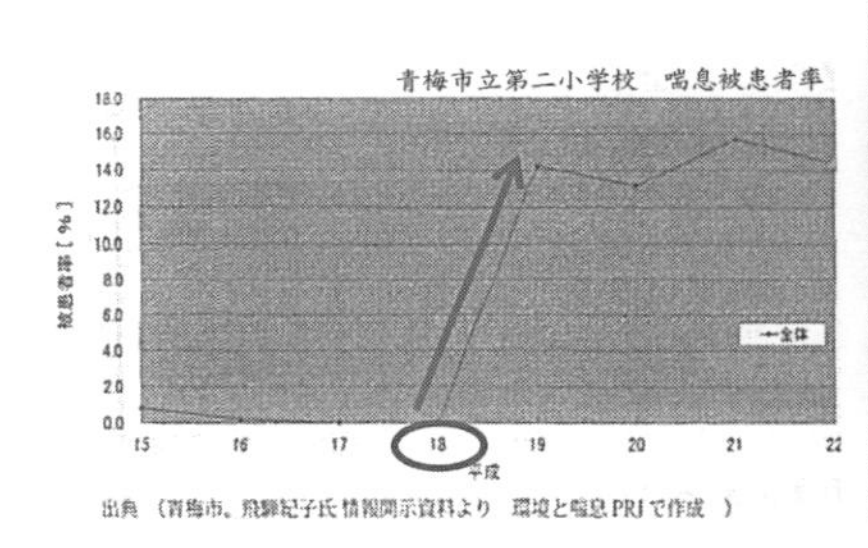

写真提供：たまあじさいの会
東京三多摩・日の出町エコセメント工場

## 最終処分場は……

多摩地域は、26市3町1村からなり、人口は約４００万人です。42基の焼却炉があり、ここから排出される焼却灰は、すべて、日の出町にある最終処分場に運ばれ処理されます。ここに運ばれてきた焼却灰の主要重金属（鉛、カドミウム、水銀）・ダイオキシン類による毒性は、目に余るものがあります。たとえば、14年間に蓄積した鉛は２２２８トンですが、これは４９５０億人が深刻な脳障害を起こす量です。２００７年には、処分場からの焼却残渣が大気汚染の原因になっていることが、裁判でも認められました。

そこで、焼却残渣を主原料とするセメント製造事業への切り替がなされました。しかし、この施設ができてから、小学生児童のぜんそくが急増しました。日の出町の肺炎・気管支炎の死亡率は、全国平均を大きく上回っています。

## 2．ごみと持続性

# バグフィルターで、毒性の焼却灰を除去できるのか？

気体分子、微粒子の粒径

0.5診

**0.5診以下**
バグフィルターで
除去できない

**0.5診以上**
バグフィルター
で除去できる

ごみ焼却灰には、0.5ミクロン以下の毒性ガスが、多く含まれている

粉塵

**燃焼ガス**

タバコ

＊1ミクロンは　1000分の1ミリメートル

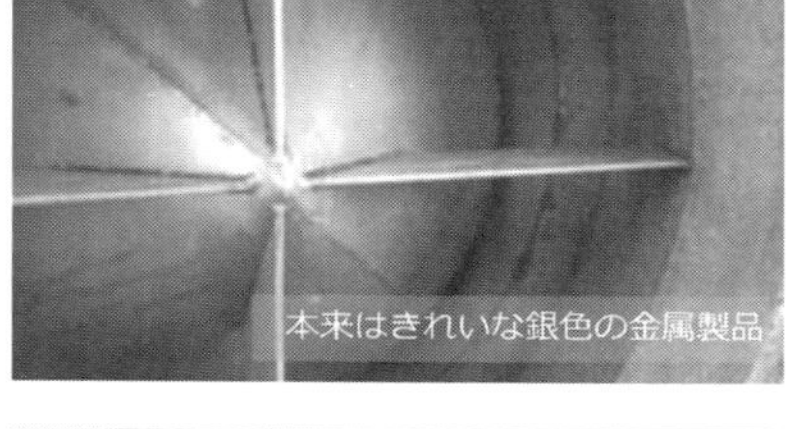

写真：焼却施設の騒音を防ぐ消音器。バグフィルターなどの集塵設備の後ろ、煙突のすぐ手前に取り付けられる。つまり、消音器を通る排ガスはきれいになった状態で通過するはず。だが・・・

DIAMOND online（ダイアモンド社）：経済・時事～《放射能・アスベスト・有害ゴミ「環境汚染大国ニッポン」》～《第7回焼却炉のフィルターをくぐり抜ける放射能 》から

## バグフィルター……

焼却施設には、焼却灰が飛散しないようにバグフィルターが付けられております。バグフィルターは、0.5ミクロン以上の粉塵を除去できるとされていますが、それが安全性を保証しているわけではありません。なぜなら、大きさが0・5ミクロン以下の有害物質はいくらでもあり、それらはスイスイとバグフィルターを通り抜け、大気中に飛び出してしまうからです。そして、それを吸い込むのは、焼却施設の近くの住民です。事実、スライドにあるように、バグフィルターの後にとりつけられた金属製品には、べったりと焼却灰が付着しています。

日の出町の健康障害や、バグフィルターが気休めにしかならないことを知るにつけ、「焼却が持続性を損なう」というような気長なことは言っておられないように思われます。

※全国には、日の出町と類似の最終処分場が3114ヵ所あります。そこでは、日の出町と同じような危険性が予想されます。1ミクロンとは、1000分の1ミリメートル、すなわち、0・001ミリメートルに相当します。

2．ごみと持続性

# 拡大生産者責任 Extended Producer Responsibility：EPR

## 拡大生産者責任

ゴミ処理には、「拡大生産者責任（ＥＰＲ）」というもう一つ重要な概念があります。これは、経済協力開発機構（ＯＥＣＤ）が提唱した概念であり、生産者の責任が製品使用後の段階にまで拡大される、というものです。

現在、事業者が出したごみ（たとえば、プラスチック製品）の分別収集と選別保管の経費は、市民の税金で負担されています。このようなやり方に対して、市民には不満がたまり、また事業者には、ごみ削減に真剣にとりくもうという誘因が働きません。

ドイツでは、世界で初めてＥＰＲが施行されました。１９９１年、包装廃棄物を管理する責任が生産者にあるとし、包装廃棄物の収集・処理・処分費用に公的資金を使用しないことになりました。収集・分別・リサイクルについての費用を行政（市町村）から民間の産業へ移したのです。このことにより、ドイツで年々増加してきた容器・包装消費量は、減少に転じました。

# ゼロ・ウェイストとは何か？

| | |
|---|---|
| ゼロ・ウェイストとは何か？ | 日本語の「もったいない」に対応する。 |
| ゼロ・ウェイストの考え方 | 高いゴール"ごみゼロ"を設定して、目標達成への強い動機を生み出す。<br>無駄（ウェイスト）の無いごみゼロ社会の実現を目指す。 |
| 初めてのゼロ・ウェイスト宣言 | 1996年、オーストラリア・キャンベラが世界初のゼロ・ウェイスト宣言を発した。<br>焼却炉ゼロ、リサイクル率80%を実現。 |

## ゼロ・ウェイストとは何か

「ゼロ・ウェイスト」は、日本語では「ごみゼロ」と訳されていますが、単にごみの削減ばかりではなく、もっと広く「無駄をなくす社会」という意味が込められています。日本語の「もったいない」がピッタリしています。

自治体が、ゼロ・ウェイストの町づくりをしようとする場合、その自治体固有の「ゼロ・ウェイスト宣言」を発します。スライドにも示したように、宣言では「ごみゼロ」という高いゴールを設定します。これは日本企業が、製品の欠陥を１００万分の１にまで削減するというすばらしい成果をあげた「欠陥ゼロ」の考え方に由来しております。この基本的な発想を、ごみ政策に適用しようとしているのです。

もちろん、ゼロ・ウェイスト政策が厳密に「ごみゼロ」を要求している訳ではありません。宣言によって、ごみを生むしくみと環境に及ぼす影響をしっかり把握し、政策に反映させることが重要です。

２．ごみと持続性

ゼロ・ウェイストの指針　“４Ｌ”

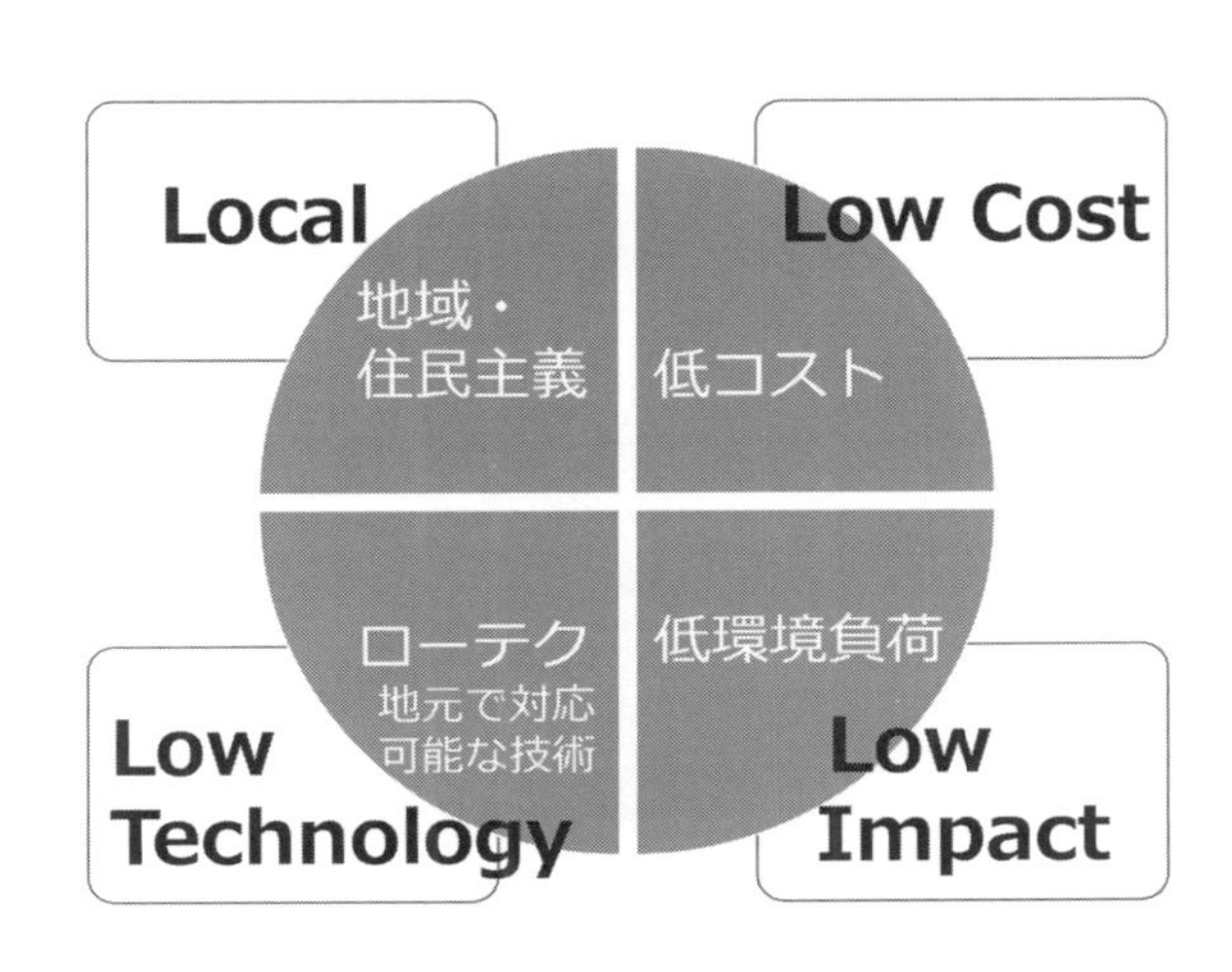


## ゼロ・ウェイストの指針、４Ｌ

ゼロ・ウェイストの具体的な方策に「４Ｌ」があります。スライドに示すように、「地域・住民主義、ローテク、低環境負荷、低コスト」というゼロ・ウェイストの基本精神です。皆さんのまわりの環境政策と比較してみると、考え方に大きな差があることが分かるでしょう。しかしこれは、決して突飛な考え方ではなく夢物語でもありません。日本でもすでに３市町村が、そして世界では多くの国や自治体が、ゼロ・ウェイスト宣言を制定し、４Ｌにそってゼロ・ウェイストの町づくりを始めています。

　環境問題を考える上で「地球規模で考え、足下から行動する」という世界的に有名な言葉があります。これは、まさしくごみ問題を考える基本的な視点です。日々の生活の無駄をなくすために、ごみ削減の小さな行動を積み重ねることは、誰もが実行できることです。同時に、地球規模の課題として、「燃やさない、埋め立てない」という政策の推進も重要です。

2．ごみと持続性

# 持続ある物質循環を！

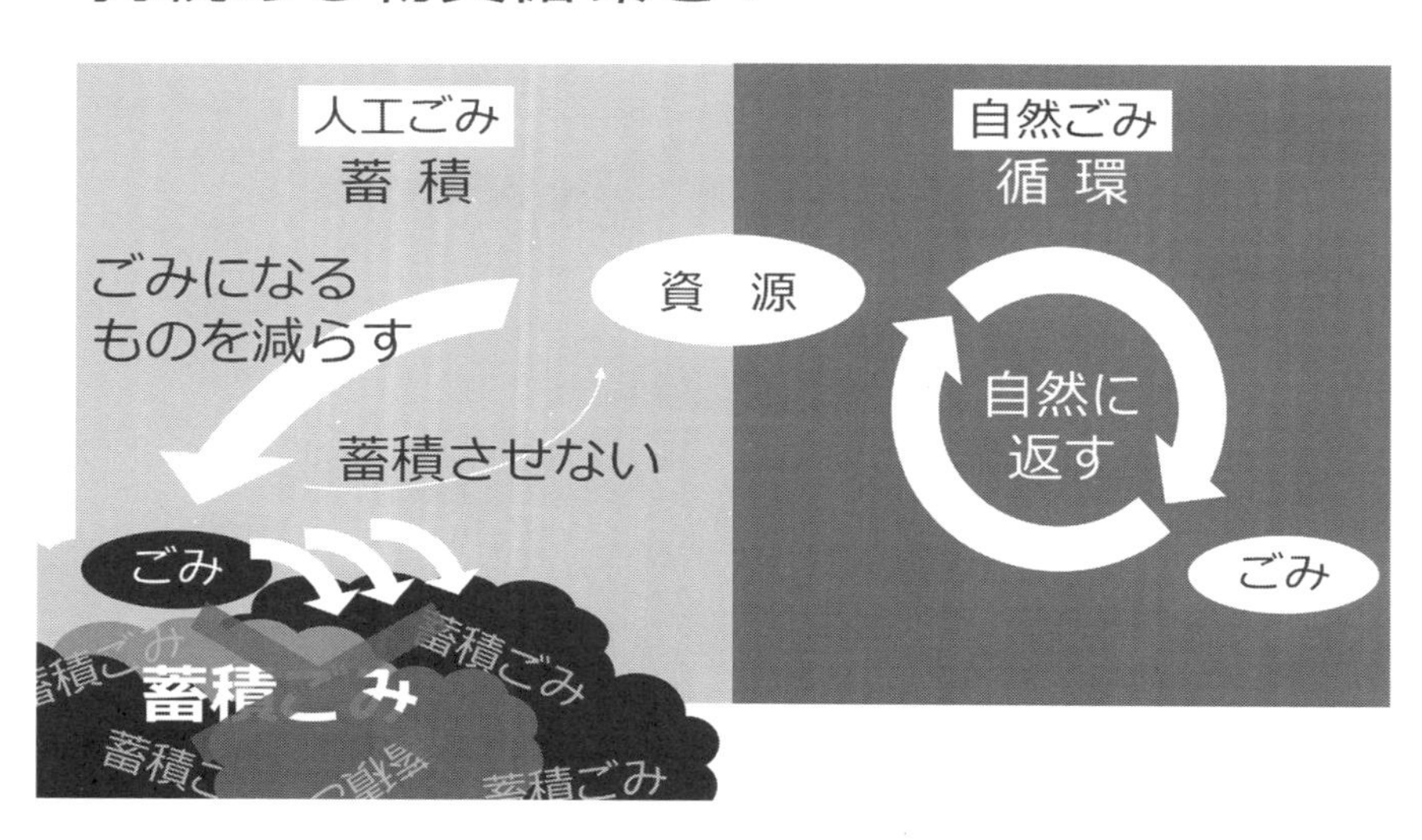


## 持続ある物質循環を

ごみには、ペットボトルに代表される「人工ごみ」と、生ごみのような「自然ごみ」があります。生ごみはごみ全体の40％を占め、水分が80％にもなるので、石油などを使わないと燃えません。この生ごみを、土に帰し肥料にすることは、単にごみを削減するばかりでなく、物質循環を基礎とする循環型社会を作る上でも大切です。

都会に住む人からは「畑がないから……」という返事をよく聞くのですが、これも工夫しだいでいろいろな手があるものです。たとえば、ベランダや玄関の脇に大きめのプランタを置いて、生ごみを堆肥化しつつ、ミニ・トマトなどの野菜を作るのです。軌道に乗ると結構楽しいものです。

人工ごみは、できるだけ減らすことです。市民とともに企業の努力も必要です。それが前のスライドで示した「拡大生産者責任」の実施です。

2．ごみと持続性

# 地域内・循環型社会の形成

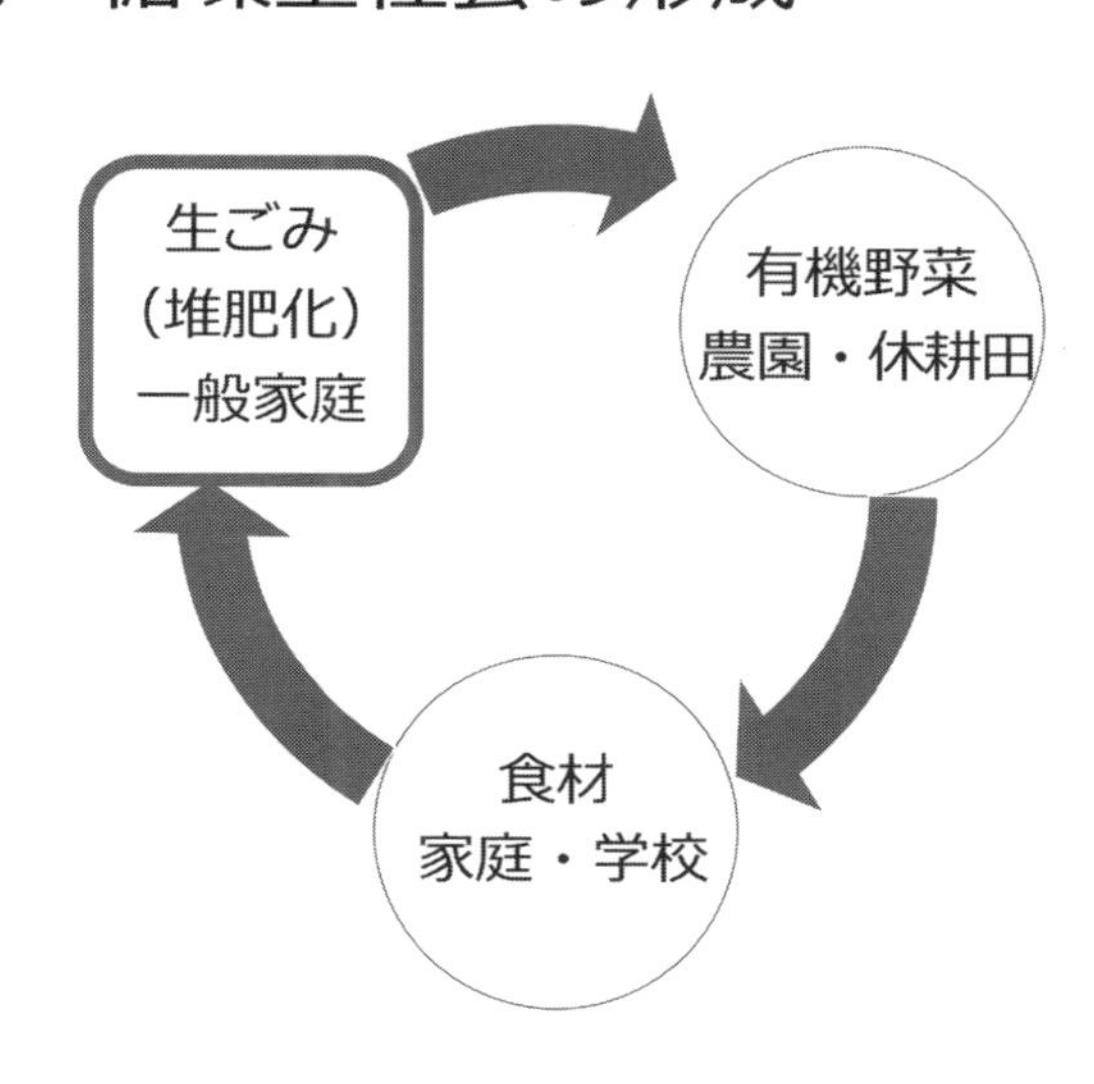


## 地域内循環型社会の形成

日本の稲作は、弥生時代に始まりました。しかし最近では、工業化の波に押されて、農業を放棄する人が増えてきました。日本の食料自給率は、40％を切っています（２０１０年、カロリーベース）。

筆者が所属する「ＮＰＯ法人・町田発・ゼロ・ウェイストの会」は、環境省とトヨタ財団からの支援を受け、地域内循環型社会の形成についての実証実験をおこないました。肥料としての生ごみの有効性を確かめ、同時に休耕田の有効利用をめざして、地域内で小さな循環型社会をつろう、というのが目的です。近所の農業経験者から指導を受け、大学生にも協力してもらい、まずは休耕田の雑草取りからはじめました。堆肥作りには有効微生物を利用し、専門家に依頼して土壌の化学分析をおこないました。

休耕田が立派に再生し米や野菜が育つのを見た時には、嬉しい気持ちがこみ上げました。秋には収穫した新米で、餅つき大会を開き、おいしいお餅に舌鼓をうちました。

## ステップアップ2

2014年9月27日～28日、大津市で開かれた「自治体問題全国集会」が開かれました。その、「第三分科会：循環型社会形成と環境問題～ゼロ・ウェイストを目指して」では、日本の自治体が「ゼロ・ウェイスト宣言」の制定に向けて努力すべきことが議論され、出席者の支持を得ました。以下にその全文を示します。

アッピール：『ゼロ・ウェイスト（ごみゼロ）宣言の実現に向けて』

21世紀に入り、世界では多くの国々や大都市がゼロ・ウェイスト（ZWと略）を目指すさまざまな取り組みを展開し、ごみの削減と資源化に大きな成果をあげつつあります。

ZW政策の目的は、ごみ削減と物質循環によって、持続社会を実現することにあります。その具体的な方策として、次の２点を指摘します。

第一に、ごみ総量の40％を占める生ごみを燃やすのではなく堆肥化し、資源化することです。ここから脱焼却への道が開けます。

第二に、汚染者負担の原則によって、実質的に環境悪化をもたらす工業製品の発生を抑止することです。これは、ＥＰＲ（拡大生産者責任）とよばれ、1964年に日本も加盟したＯＥＣＤ（経済協力開発機構）が提唱する廃棄物削減政策の１つです。世界では、ドイツなど先進諸国を中心として、ＥＰＲの徹底化が進められていますが、日本では2000年に導入されたＥＰＲが、産業界の意向で政治的に骨抜きにされ、廃棄物を削減する道は閉ざされました。

世界の主要都市に目を向けてみると、ごみを「焼却して、埋める」という日本の旧態然としたごみ政策が目立ちます。日本では、焼却率は79％にも上っています。

一方、韓国の焼却率は日本の４分の１（20％）、また、欧州の多くの都市は日本の３分の１と低く、最近では、イタリアの諸都市が、ZW政策の実現に積極的なことが注目されます。また、アメリカの西海岸の多くの都市のリサイクル率は70～80％と高く、また最近ニューヨーク市長は、2030年までに、現在のリサイクル率26％を70％に高めるとの談話を発表しました。

「ごみは燃やすもの」という日本の常識は、世界の非常識になっています。

第12回地方自治研究全国集会・第三分科会は、「ごみを作らない、燃やさない、埋め立てない」をめざしたゼロ・ウェイスト宣言の制定を、全国の自治体に要望します。

2014年9月28日

広瀬 立成（助言者）

運営委員：丹羽秀則、河村洋、佐久間尊夫、森茂樹、中村肇

# 3．自然エネルギー

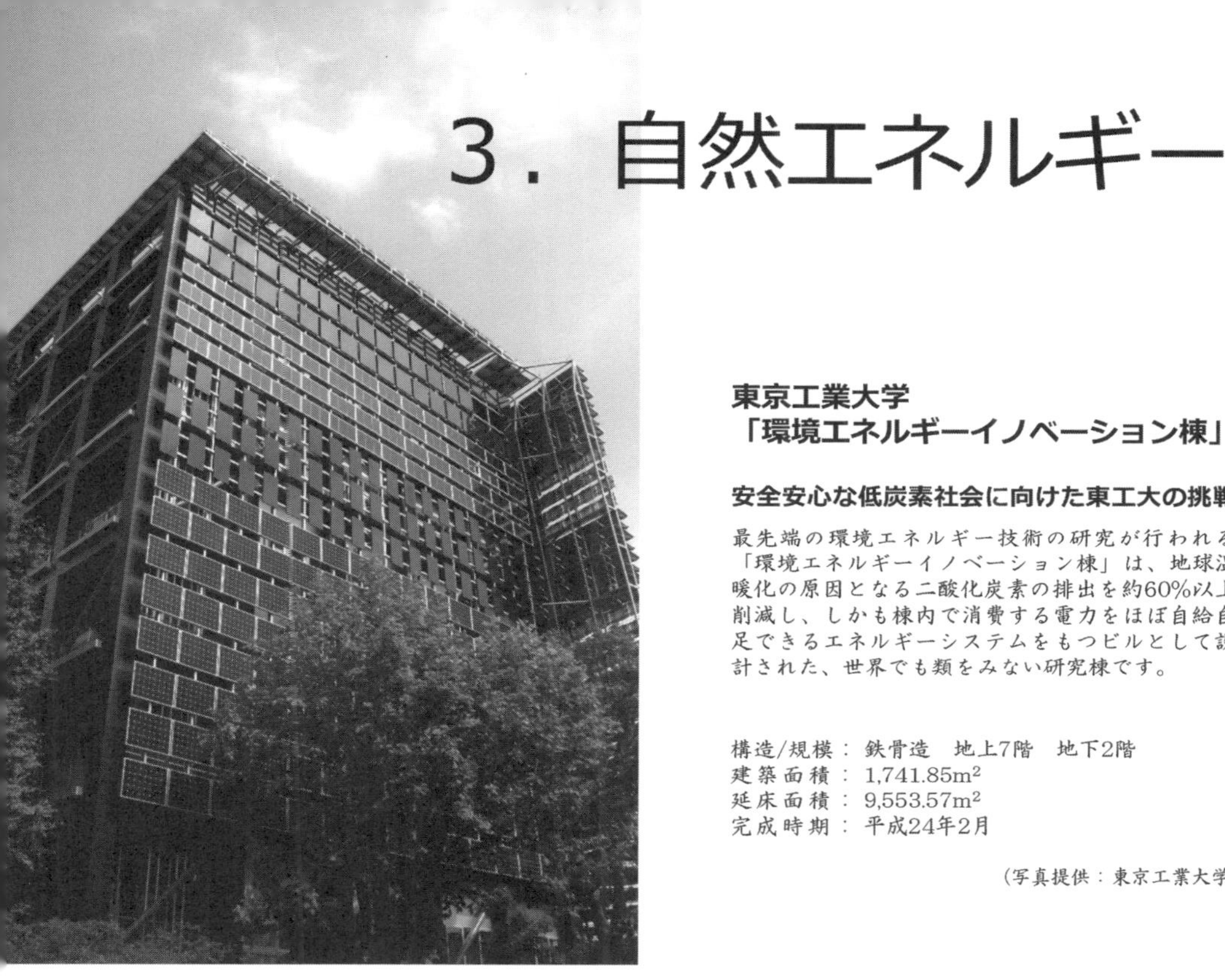

## 東京工業大学
## 「環境エネルギーイノベーション棟」

### 安全安心な低炭素社会に向けた東工大の挑戦

最先端の環境エネルギー技術の研究が行われる「環境エネルギーイノベーション棟」は、地球温暖化の原因となる二酸化炭素の排出を約60%以上削減し、しかも棟内で消費する電力をほぼ自給自足できるエネルギーシステムをもつビルとして設計された、世界でも類をみない研究棟です。

構造/規模：鉄骨造　地上7階　地下2階
建築面積：1,741.85$m^2$
延床面積：9,553.57$m^2$
完成時期：平成24年2月

（写真提供：東京工業大学）

人類とエネルギーの歴史

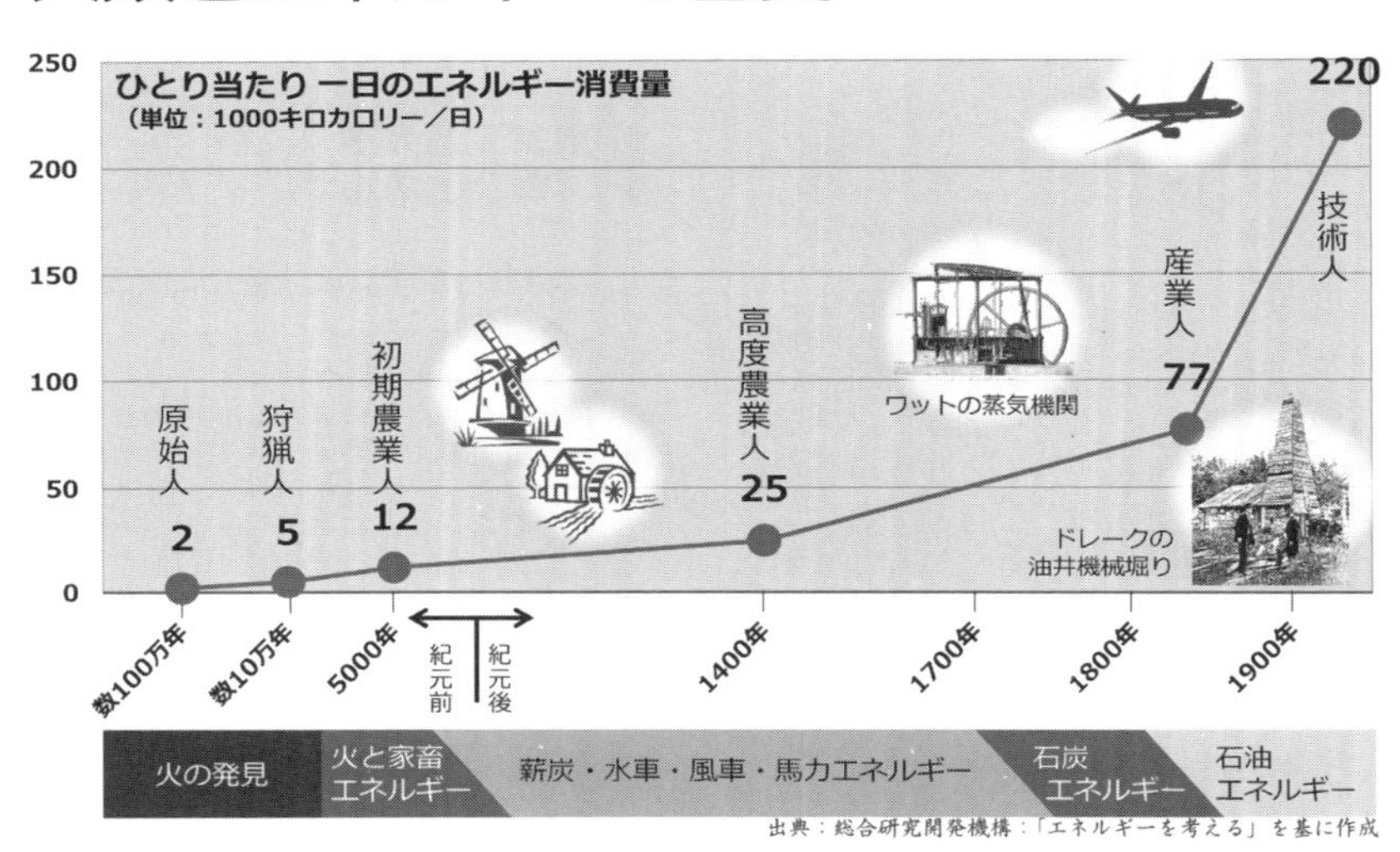

出典：総合研究開発機構：「エネルギーを考える」を基に作成

## 人類とエネルギーの歴史

現代の成人男子の平均的なエネルギー消費量は、一人あたり、およそ２５００キロカロリー（kcal）ほどです。そのうち、生命維持に必要なエネルギー「基礎代謝」は、１日の総エネルギー消費量の60～70％を占めています。スライドは、人類が誕生してから今日までの約１００万年間に、人間一人当たりが消費するエネルギー量の移り変わりを示したものです。

注目すべき点は、18世紀後半、イギリスを中心に産業革命が始まり、エネルギー消費量が急増したことです。この後、１８５９年に、アメリカで新しい石油の採掘技術が開発され、石油の大量生産による「石油文明」が幕を開けました。近年では、石油エネルギーに加えて、天然ガス、原子力も利用されるようになり、エネルギーの大量消費時代が到来しました。その後、エネルギー消費量は急増し、今では、１人あたりのエネルギー消費量は22万キロカロリー（kcal）になっています。それは、人間の生命維持のためのエネルギーの約１００倍という莫大な量です。

3．自然エネルギー

# 化石エネルギーから自然エネルギーへ

## 化石エネルギーから自然エネルギーへ

石油の燃焼によるエネルギー生産の方法は、資源の枯渇を早めるばかりか、資源のほとんどの質量を、主として温室効果ガス（二酸化炭素：$CO_2$）として放出しています。しかも、石油の価格の変動は、１９７３年のオイルショックでも経験したように、先進国に、価格の高騰による大きな混乱をもたらしました。「枯渇、環境汚染、価格変動」という3種の欠陥を抱えるに石油文明。それに代わるエネルギー源が「自然エネルギー」です。自然エネルギーの発生には、太陽、地球内部、潮汐（月と地球の運動）がかかわっています。その典型的な発電には、太陽光・風力発電、地熱発電、潮汐力発電があります。これから分かるように、自然エネルギーは、消費する以上の速度で、つねに供給され、化石燃料のように枯渇することはありません。まさしく、持続的であり、しかも、環境を悪化することもなく、基本的に燃料費はかかりません。

# 原発ゼロからのエネルギー政策

## 原発ゼロからのエネルギー政策

原発は、ひとたび事故がおこれば、甚大な環境被害をもたらすことは、福島原発事故の現状を見れば明らかです。原発の資源としてのウランも、石油と同じ枯渇性（非持続的）です。このように、原発は、自然エネルギーの対極にあります。つまり、自然エネルギーの導入は、原発ゼロが前提となっているのです。

「自然エネルギーは、広い面積や多くの施設を必要とし、多くのエネルギーを消費する現代社会には向かない」という意見が出るのですが、この主張は、現代の大量消費文明の継続を前提としています。他方、今私たちが目指すのは、資源枯渇、環境負荷の増大、という大きなツケを未来世代に残すような現代社会のあり方そのものを変革することです。その際、大きな役割をになうのが、「自然エネルギー」です。

3．自然エネルギー

# 世界の自然エネルギー

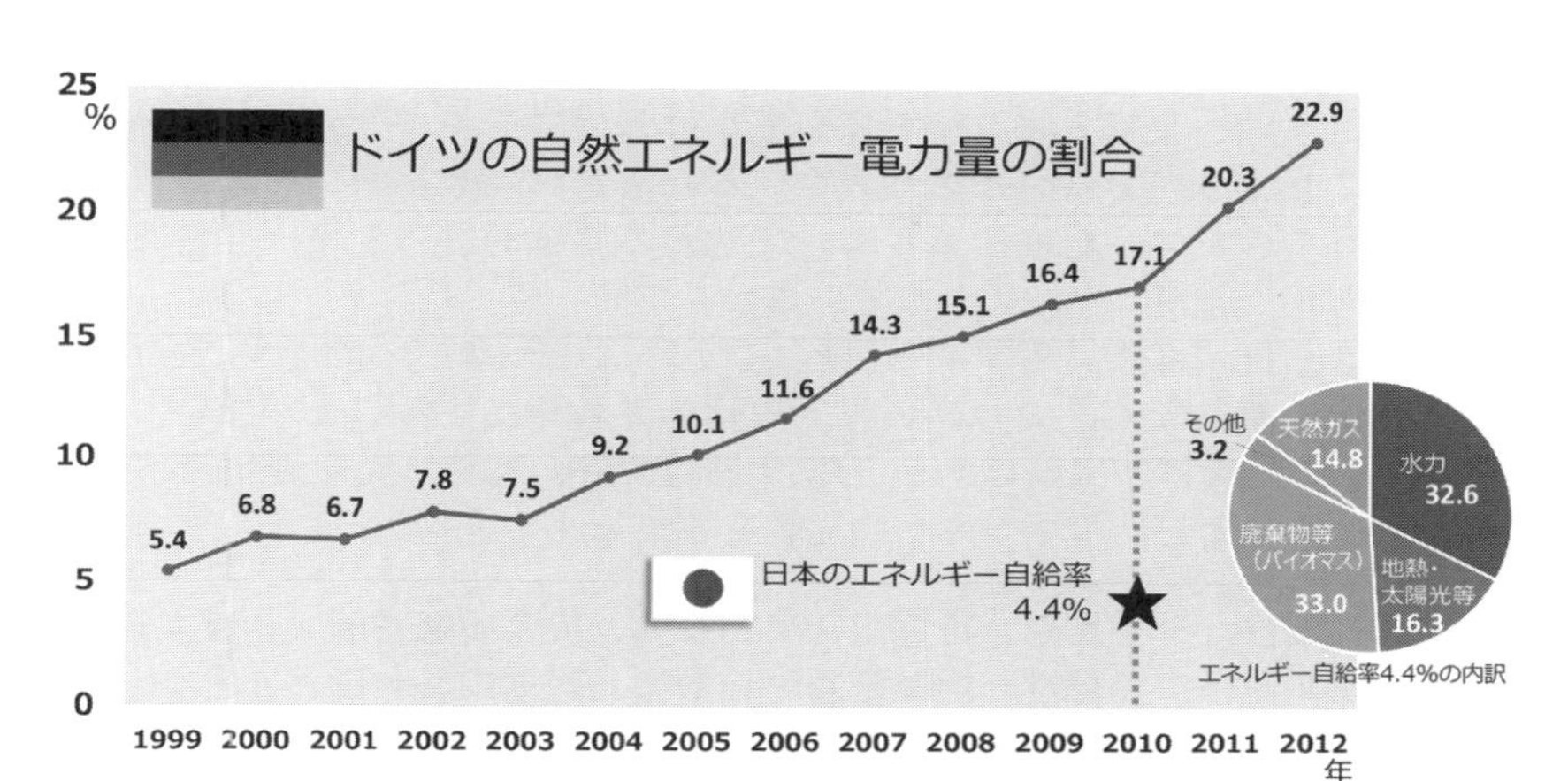


出典：公益財団法人 自然エネルギー財団『「エネルギー基本計画」への提言（2013年12月）』
経済産業省 資源エネルギー庁『「エネルギー白書2013」エネルギー需給の概要―エネルギー自給率の動向』を基に作成

## 世界の自然エネルギー

日本が２０１４年４月に策定したエネルギー基本計画では、自然エネルギーの割合を、「２０２０年には13・５％、２０３０年には約20％」にするという目標値が示されています。しかし、これらの「目標」は、自然エネルギーの先進国であるドイツ、スペイン、デンマークが掲げる水準よりはるかに低いものです。これらの国では、日本の２０３０年の達成目標（約２割）は、すでに達成されているのです。

スペインでは２０２０年の目標として40％を、ドイツでは、２０３０年の目標として50％を掲げています。アメリカ・カリフォルニア州では、２０２０年の目標として、大規模水力発電を含まず33％の目標を定めています。

スライドに見るように、ドイツの自然エネルギーによる電力量は、この13年間に急速に伸びています。日本でも、太陽光発電は、その普及とともに、急速なコスト低下が起きていて、拡大が加速する要因になっています。

## ステップアップ３：石油、原発、自然エネルギー

### 1）原発と自然エネルギーを比べると……

これまでのべてきたように、「石油」の燃焼に依存する社会は非持続的な社会です。これに対して、真の持続性に基礎におく「ゼロ・ウェイスト社会」の目標は燃やさない社会です。石油を燃やさなければエネルギーの足りない暗い社会になってしまうのでは、と思う人がいるかもしれませんが、それは取り越し苦労というものです。石油エネルギーに代わる持続的エネルギー「自然エネルギー」があり、急速に実用化されているからです。

日本では、「再生可能エネルギー」とよばれることが多いのですが、これは、「エネルギーを消費しても、つねに再生（供給）され枯渇することがない」という意味です。たとえば、太陽はあと50億年間は輝き、地球に光を送り続けます。

以下に、原発と自然エネルギーの比較をしてみます。

**原発：枯渇性、一極集中、送電ロス＝約５％、災害の被害甚大・普及遅い**
**自然エネルギー：持続性、地域密着・分散型、送電ロス＝ほとんど0、災害からの普及早い**

### 2）原発の経済性

アメリカでは、2013年だけで、運転中の原発５基が停止され、９基の計画が取り止めになりました。風力発電や天然ガス発電など効率的な電源が増加し、原発の経済性が急速に悪化しています。近年中に、少なくとも10基の原発が閉鎖されるといわれています。

ブラジルでも、風力発電が急速に伸び、2030年までに、４基の原発を建設する計画は必要ないと発表されています・

日本では、2014年９月現在、すべての原発が稼働していません。しかし、50基の原発を維持管理するためにも費用がかかり、年間7600億円にも上っています。さらに、原発推進の政策経費として、毎年4500億円の国家財政支出があります。「原発ゼロ」の方針を政策決定し、廃炉にしていけば、核燃料の1800億円と合わせて、合計約１兆円以上にのぼるコスト削減が可能になります。

### 3）自然エネルギーの特徴

自然エネルギーは、安心安全で、地域密着型です。その結果、施設の建設に地域の特徴（山、川、平野、海など）が生かされ、また建設と維持のために地域の雇用を生み出します。このことは、地域を活性化し、地域社会における人間的つながりを強化します。また、「自分たちのエネルギー」という意識は、消エネルギーへの動機を生むことになります。

参考文献：公益財団法人「自然エネルギー財団」：2013年12月：「エネルギー基本計画への提言」、2014年８月：「固定価格買取制度２年の成果と自然エネルギー政策の課題」

# 4. ゼロ・ウェイスト社会へ

## 日本と世界は、こんなにちがっている！

| | 挑戦目標 | 焼却 | 拡大生産者責任 | 地域 |
|---|---|---|---|---|
| ごみゼロ（日本） | なし | あり | 強く求めない | 日本の自治体 |
| ゼロ・ウェイスト(世界) | あり | なし | 強く求める | キャンベラ、ノバスコシア、イタリアなど |

【キーワード】
バックキャスティング、ペストフの三角形

4．ゼロ・ウェイスト社会へ

ゼロ・ウェイストへの道のり

**バックキャスティング の手法で！**

1．将来を見据えて、
2．目標を立てる。
3．そのためには、今、何をすべきか？

## ゼロ・ウェイストへの道のり

ゼロ・ウェイストというと、次のような意見が返ってきます。

「私たちは、自動車やさまざまな家電製品などを使って、便利な生活を成り立たせている。

しかし、それらはすべて、石油の燃焼によって発生したエネルギーを利用している。石油を使わないで、昔の生活に逆戻りすることはできない」と。この意見に対する答えは、以下の3つです。

（1）第一に、「もったいない社会」への転換には時間がかかる。実現は、「ホップ・ステップ・ジャンプ」の要領で一歩一歩前進する。

（2）スライドに示すように「バックキャスティングのやり方で」長期的な目標に目をむける。

（3）持続的でクリーンなエネルギー「自然エネルギー」を導入する。

4．ゼロ・ウェイスト社会へ

# ゼロ・ウェイストの指針 “５Ｌ”

人と人、人と自然のつながり Link ネットワーク、情報発信。

低環境負荷

Low Impact

## ゼロ・ウェイストの指針、５Ｌ

27頁では、ゼロ・ウェイストの柱として、「４Ｌ」の必要性を強調しました。しかし、よくよく考えてみると、４Ｌを成り立たせている根底には、「人と人、人と自然のつながり」があることがわかります。そして、このことを進めるためには、地域の住民が、さまざまな情報を共有していることが大切です。この点をはっきりさせるために、さきにのべた４ＬにもうひとつLinkを加え、５Ｌにしました。

ちょっと自分が住んでいる地域のごみ処理に目を向けてください。どこも、高度な技術を駆使した焼却炉を備えていて、それに莫大な費用がかかっています。先端技術は、大学や研究所の実験室で開発するものです。市民社会では、よく吟味された安心・安全の技術が基礎になっていなければなりません。５Ｌを無視して悲惨な結果を招いたのが福島原発事故です。

# 新しい社会の担い手はだれか？

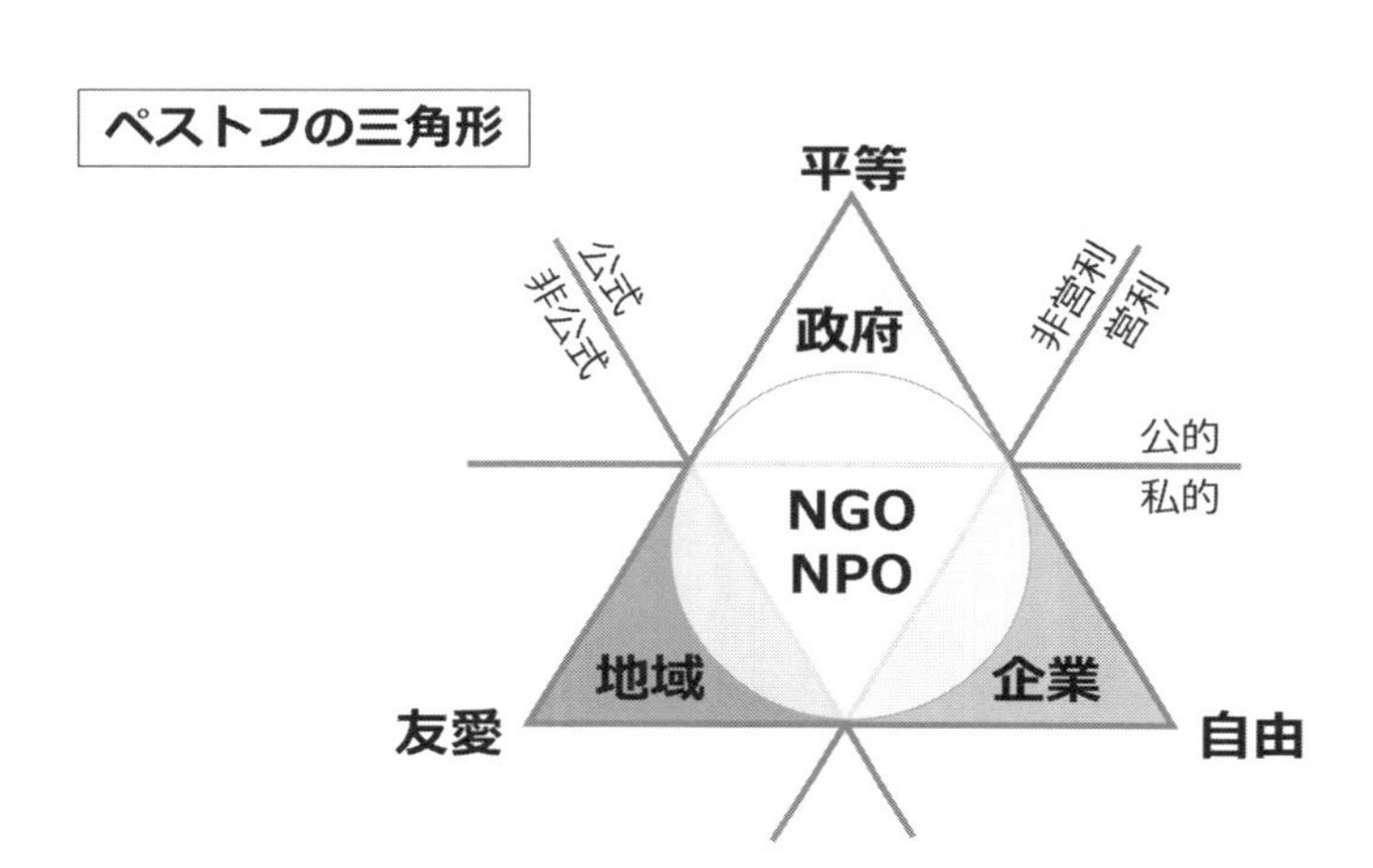


## 新しい社会の担い手はだれか？

スライドに示したのは、スウェーデンの政治経済学者ペストフが提唱した「ペストフの三角形」です。人がつくる組織を、３つの軸で分類すると、「政府、企業、地域（市民）」があって、それぞれが、「平等、自由、友愛」という特徴をもちます。

公共の担い手は、政府と非政府に分けられるほか、営利と非営利、公式と非公式にも分けられるとしています。政府のほか、非政府で営利・公式と位置づけられる企業（市場）、非政府で非営利・非公式なのが地域共同体となります。

ペストフは、これらの３つの組織の中心に、第４の組織が必要であることを強調します。それは、政府・企業・地域に学び、それぞれの欠点を補う組織です。公共を強くするためには、この第４の組織を充実することが重要です。

4．ゼロ・ウェイスト社会へ

# 本気になった市民

## 町田市・ごみゼロ市民会議

ごみになるものを作らない。
ごみを燃やさない。
埋め立てない 。

実 践

2006.10～2007.11
134名の市民委員、280回の会議
実証実験（日本で最大規模の社会実験）

## 本気になった市民

著者が住む町田市は、東京の南部に位置し、人口42万の中規模都市です。市の中心部は、小田急電鉄やＪＲの町田駅、そして、高層ビルやマンションなどもある都市的な様相が見られるのでが、西にはのどかな田園風景も広がっています。町田市では、２００６年10月から、２００７年11月までの約一年間、「ごみゼロ市民会議」が開かれ、２８０回におよぶ会議が持たれました。毎夜の議論ばかりではなく、長野県などでの実証実験もあって、結構ハードな一年でした。

その理念「ごみになるものをつくらない、ごみを燃やさない、埋め立てない」は、まさしくゼロ・ウェイストの理念そのものです。市民の主導によってつくられたこの理念は、行政との共有が難しく、ゼロ・ウェイスト宣言にはいたっていないのですが、市民会議からは、多くの貴重な体験と知識を得ました。これは、今後市町村で、ゼロ・ウェイスト社会を構築する場合に、大きな教訓になるでしょう。

# 挑戦する市民

NPO法人 **町田発・ゼロ・ウェイストの会**

**2009年度 環境省循環型社会地域支援事業**

・首都圏における生ごみ全量堆肥化による、地域内・循環型社会の形成
・市民、行政、企業の連携

**2009-10年度 トヨタ財団地域社会プログラム**

・リサイクル広場を拠点としたゼロ・ウェイストのまちづくり
・立場と世代を超えた協働

## 挑戦する市民

ペストフが指摘するように、「友愛」という特徴をもつ地域住民は、新しい社会の担い手として重要な役割を担っています。その特徴は「非公式、私的、非営利」ですが、それをそのまま維持しようとするのではなく、政府と企業との理念の共有も大切です。その突破口は、どこから開けるのでしょうか？

私が理事長を務める「ＮＰＯ法人・町田発・ゼロ・ウェイストの会」は、市民がまず行動することが重要と考え、２つの主要な目標を立てました。それが、スライドに示すように、２つの支援事業として結実しました。一つは、ごみのなかの40％を占める生ゴミの堆肥化とそれを用いた田んぼ再生プロジェクトで、もう一つは、ごみゼロ市民会議で実証実験をおこなったリサイクル広場の発展です。

※プロジェクトの推進には苦労もありましたが、多くの有意義な成果を手にすることもできました。とくに、地域住民、大学生、大学教員など、「世代と立場を超えた協働のあり方」についての貴重な知見を手にすることができたのは、大きな成果でした。

4．ゼロ・ウェイスト社会へ

# 実践する市民

集合住宅へ
生ごみ処理機
設置

エコな桜祭り
町田市・芹が谷

レジ袋の廃止
とエコバッグ

## 実践する市民

このスライドは、私たちが関係したいくつかの活動を示しています。都市圏の高層住宅で、生ごみを資源化しようとするとき、堆肥化に必要な土地が問題になります。ごみゼロ市民会議の分科会「地域一括による集合住宅での生ごみ処理・収集回数減実験分科会」では、集合住宅に大型生ごみ処理機を導入しました。ごみの40%を占める生ごみの資源化は、脱焼却の第一歩となるばかりか、環境意識の向上にも大きく貢献します。

町田市では、レジ袋を全く使わないスーパーがあります。この方策が発足した時は、レジ袋を持参しない客も多く、周辺住民が、紙風呂を提供して協力しました。田んぼ再生の推進には苦労もありましたが、多くの有意義な成果を手にすることもできました。地域住民、大学生、大学教員など、「世代と立場を超えた協働のあり方」についての貴重な知見を蓄積できたのは、大きな成果でした。また、近くの環境グループ「小山田ごみ問題を考える会」の協力は、プロジェクトを推進する上で、大きな力になりました。

## ステップアップ４：集合住宅における生ごみ堆肥化

東西に長い町田市は、西から順に、「堺地区、忠生地区、鶴川地区、南地区」の４つの地区からなっています（地図参照)。鶴川団地は、町田市の中心部に近い鶴川地区にあり、1250所帯が住んでいます。

2007年11月、「ごみゼロ市民会議」では、集合住宅に電動生ごみ処理機を導入することが検討されました。人口密度が高い都会にある集合住宅の生ごみ処理は、多くの難しい課題が内在していますが、これを一つづつ解決しないでは、ゼロ・ウエイストへの道は開けません。日本で最初の宣言都市「徳島県・上勝町（人口、約1500人)」では、各家庭に電動生ごみ処理機を配布しましたが、ここからヒントをえて、町田市は、集合住宅に、大型電動生ごみ処理機を設置し、設置後の電気代と維持費を負担しました。

鶴川団地には、2009年にまず試験的に２台を導入しました。その後、2011年に２台、2012年に８台、2013年に３台、計15台が導入されています。設置場所と200ボルトの電気工事には、公団の許可が必要になります。現在、約350所帯が利用していますが、処理機から回収される堆肥は、各自、菜園、花壇などに利用され、蓄積することはありません。

利用者は、「いつでも投入できる、キッチン周りが清潔になる、外に出て利用者（高齢者）どうしの交わりができる」など、多くの利点があるといいます。そして、自治会副会長の富岡さんは、「何よりも環境によいことそしているという自負心が育まれる」と胸を張ります。

東京都の地図と町田市

鶴川団地における電動生ごみ処理機（設置前と設置後）

# 5．世界のゼロ・ウェイスト

## 日本の常識“ごみ焼却”は世界の非常識

世界の脱焼却は今！

【キーワード】
世界のリサイクル率、日本の焼却炉、生ゴミの堆肥化

# 進展する世界のゼロ・ウェイスト

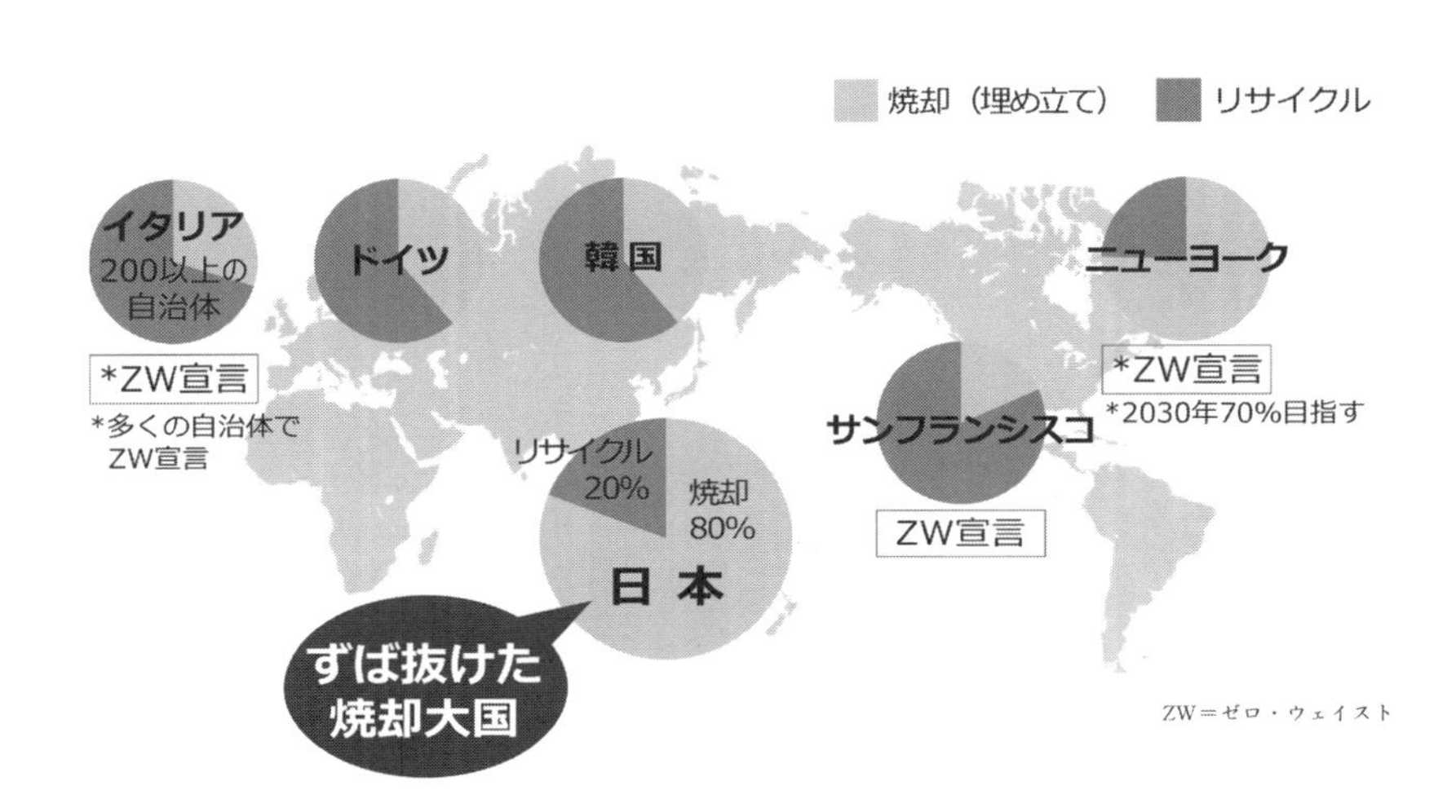


## 進展する世界のゼロ・ウェイスト

「焼却・埋め立て」と「リサイクル」について、世界の状況を見てみましょう。リサイクルについては、各国の内容に違いがありますが、ここでは「焼却・埋め立てと焼却をしないで再利用する」というように大まかにとらえておきます。

この比較から、ただちに分かることは、日本が「突出した焼却大国」であることです。アメリカ西海岸の都市やドイツが、昔から環境に留意していることはよく知られていますが、ここ数年のゼロ・ウェイストに対する注目すべき取り組みはイタリアです。２００以上の自治体が、ゼロ・ウェイストの実現に向けて活動を進めているのです。

※世界のごみ焼却炉数：日本：約１４００、ドイツ：51、アメリカ：１６８、フランス：１００、イタリア：51、スエーデン：21、イギリス：７

5．世界のゼロ・ウェイスト

## イタリア：200以上の自治体で…

（人口：合計450万人規模）

*イタリア全体では約40%

**ミラノ**（人口:130万人）
リサイクル率：60%
2014年 生ごみ分別回収を全市へ拡大

ナポリ近郊
**サレルノ**（人口:14.5万人）
リサイクル率：
1年で、18% ➡ 72%

トレヴィーゾ県
**プリウラ地区**（人口:55万人）
リサイクル率：83%
ゼロ・ウェイスト宣言

写真・データ：P.コネット博士より提供

## イタリア

イタリアは今、猛烈な勢いで、ゼロ・ウェイスト社会に突き進んでいます。

外国では、生ごみの分別収集は堆肥化に直結します。人口１３０万人のミラノ市は、２０１２年11月から、食品廃棄物の分別収集をはじめました。14年には全市で実施することを目指し、段階的に実施地区を広げていく予定です。市内の家庭ごみの回収処理を担う公営企業ＡＭＳＡは、食品廃棄物を利用したコンポスト（堆肥）作りを計画しています。食品廃棄物のリサイクルは法的に義務付けられてはいないのですが、企業から出る食品廃棄物なども環境への配慮や処理費用軽減の観点からリサイクルする動きが始まっています。

ナポリ近郊のサレルノ（人口：14・5万人）では、リサイクル率が1年で、18％から72％に向上しました。

※２０１３年11月、ゼロ・ウェイスト推進に意欲を燃やすアメリカの化学者、P・コネット氏が来日しました。かれは、ゼロ・ウェイストへの第一歩は分別収集であることを強調しました。そして、日本では分別収集が進んでいるのに、分別したものを燃やしてしまうのは理解できない、と首をかしげてました。

# イタリア：トスカーナ地方 カパーノリ

この食料品店では、

- ディスペンサーから、自前の容器に詰める。
- プラスチックのバッグは使わない。

写真・データ：P.コネット博士より提供

## イタリア・カパーノリ

この写真はトスカーナ地方の食品店です。ご覧のように、パスタ、ワイン、オリーブ、シャンプーなど、60もの蛇口があり、買い物客は、自分で容器をもってきて、欲しいものを詰めることになります。プラスチックのバックは使わないことになっています。

私の家の近く店でも、甲州産の赤ワインと白ワインが1種類づつあって、はじめにガラス瓶を購入して、それに詰めて持ち帰るようなシステムがあります。

しかし、このイタリアの店には圧倒されます。この店が成り立つためには、住民の意識と、経営者のやる気が大切です。

※ヨーロッパなどの環境先進諸国では、「燃やせばダイオキシン」「埋めれば土壌汚染」という認識のもと、ごみ廃棄には厳しい規制があります。現在の日本のリサイクル法は、ヨーロッパで15年以上も前に失敗した法律です。

# アメリカ：サンフランシスコ（人口：85万人）

レストランスタッフも生ごみ堆肥化に協力

堆肥化施設

堆肥を利用して作られた野菜・果物は地元のレストランへ

写真・データ：P.コネット博士より提供

## アメリカ：サンフランシスコ

サンフランシスコのごみ資源化率は全米の都市で最も高く、その理由として、以下があげられます。①堆肥化物を含む3種分別の強力な推進態勢、②資源化への動機、③堆肥化を受け入れるための啓発事業、④ごみの収集民間会社とのパートナーシップの構築。

１９９９年にサンフランシスコ市は、パイロット・プログラム「ファンタスティック３」を導入しました。参加する戸建住宅、アパートメント、中小事業所のごみ収集において、「青、緑、黒」の3種のごみ箱（カート）を配布し、ごみの3分割を義務づけたのです。原則として、週1回同日に3種のごみを収集します。２００２年には、市議会はゼロ・ウェイスト目標（決議）を可決し、２０２０年までにゼロ・ウェイストを達成することを要請しました。人口85万人の大都市サンフランシスコが、ゼロウェイスト社会の創成に向けて力強く進んでいることは、日本の取り組みに大きな勇気を与えてくれます。

〈参照文献〉東洋大学「経済論集」38巻1号「サンフランシスコにおけるゼロ・ウェイストへの挑戦」山谷周作

## 5．世界のゼロ・ウェイスト

# アメリカ：ニューヨーク（人口：800万人）

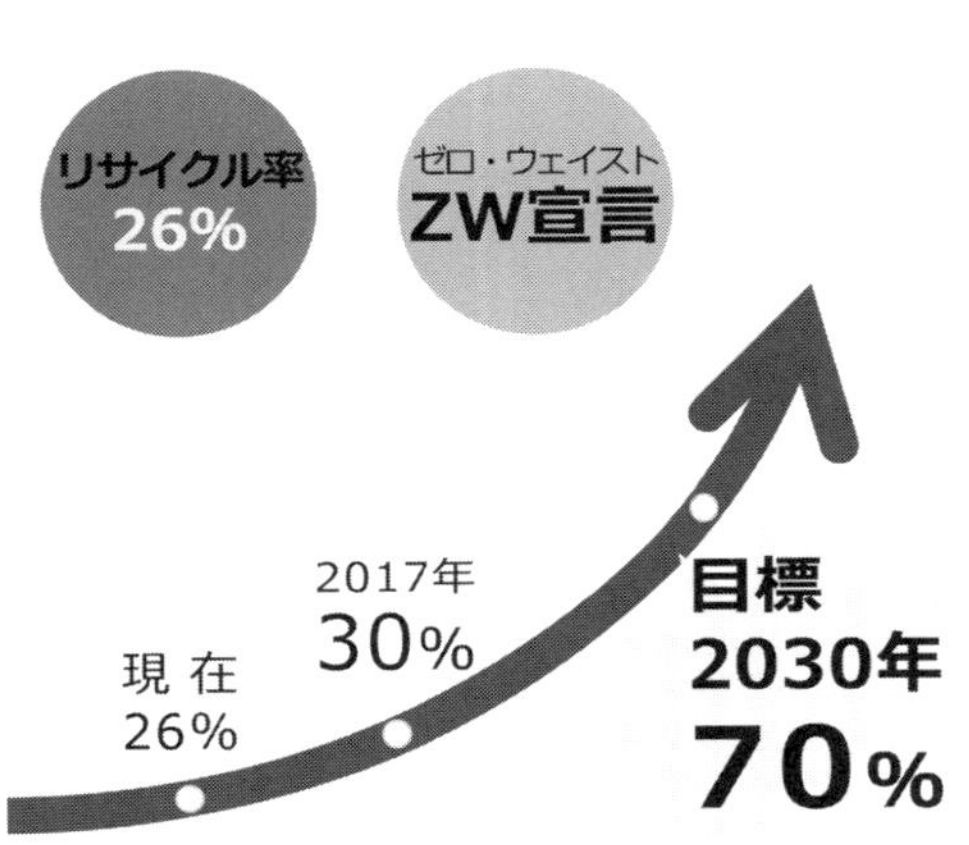

「生ごみ＝資源」全米で芽吹く
自治体回収、燃料などに活用
NYも事業化に挑戦
世界 いまを刻む

日本経済新聞　2013.10.13

## アメリカ：ニューヨーク

ニューヨークはアメリカ合衆国の最大の都市で、人口は800万人を超えます。ごみの量もまた桁違いに多く、1人1日にあたりの一般廃棄物の量は3・4キログラム（kg）で、アメリカ人の平均排出量1・98キログラム（kg）の1・7倍にもなります。市は、最終処分を他の州や自治体に委託していて、ごみ埋立て処分場が受けいれできなくなると、新たな処分場先を検討しなければなりません。このままでは、今後、ごみの不法投棄が激増するのではと懸念されています。ところが、マイケル・ブルーム市長は、2014年7月、大規模な予算を投じて、「すべてをリサイクルしよう」というキャンペーンを立ち上げました。スライドに示すように、2030年には、70%のリサイクル率を目指しています。このように挑戦的な目標を立てて現在のあり方を考えるというのが、ゼロ・ウェイストに取り入れられたバックキャスティングの手法です。

※筆者も、度々ニューヨークに滞在しましたが、月曜日の朝、道路の角には、ごみをつめた背丈ほどもあるビニール袋がおかれていて驚いた記憶があります。

5．世界のゼロ・ウェイスト

# カナダ：ノバ・スコシア（人口：94万人）

ごみ埋め立て地に併設

## 再生不能ごみの選別施設

- どんなごみも、選別施設を必ず通過
- ごみ埋め立て地に直接行かない

写真・データ：P.コネット博士より提供

## ノバ・スコシア

カナダ、ノバ・スコシア州の人口は約94万人。人口密度が低いので、はじめは、ごみは埋め立て処理でした。しかし、次々と埋め立て処分場が必要になって、周辺住民の苦情、自然破壊により、このような埋め立て処分場はやめようという話が住民から持ちあがりました。行政が「日本のように焼却炉を使ったらどうか」と市民に提案したところ、「焼却は空を処分場にしているのと同じだから選択しません」と市民が反対しました。

一方、州政府もまた、「大きな焼却炉は地元の経済にとってなんのメリットももたらさない、雇用にも結びつかない。それは迷惑施設になる」と、焼却炉の導入は認めませんでした。日本の行政とは正反対の考え方です。

ノバ・スコシア州は、燃やしたり埋めていたごみの50％を減らすという目標を設定しました。まず高い目標のゴールを設定してゴールに近づく方法を考える、というのは、典型的なバックキャスティングの発想です。

# カナダ：オンタリオ（人口：1,350万人）

雇用創出のメリットも

## ビール瓶の再使用

- ひとつの瓶で、18回近くも再使用
- 98%のビール瓶を回収
- 回収と洗浄作業に
  2,000人の雇用創出
- 自治体の費用負担なし

▼ビール瓶の洗浄

写真・データ：P.コネット博士より提供

### オンタリオ

オンタリオ州は、人口が約１３５０万人で、カナダ最大の州です。

アンケート調査によればカナダでは全家庭の30％が買い物バッグを「常に」使用するなど、市民の環境意識は高いことがうかがわれます。政府は、２０２０年までに温室効果ガスの総排出量を05年比17％削減することを目標に掲げ、再生可能エネルギー開発の促進を図っています。

スライドは、オンタリオでのビール瓶の再使用を示しています。18回の再使用が達成され、またこのために、２０００人の雇用が創出されました。日本では、コンビニやスーパー、ドラッグストアでも、ほとんど缶ビールしか売っていません。省資源のお手本のビール瓶が、ほとんど見かけなくなったのは残念です。

※「オンタリオ」はネイティブのイロコワ族の言葉で、「美しい湖（水）」という意味です。オンタリオ州には湖がおよそ25万箇所、川は10万キロにわたります。

5．世界のゼロ・ウェイスト

# 韓 国（人口：5,000万人）

リサイクル率
60%

写真・データ：P.コネット博士より提供

ごみの30%以上が
食品廃棄物

経済損失（年間）
約2000億円

処理費（年間）
約700億円

## 韓国の食品廃棄物

スライドは、韓国における生ごみの現状です。

韓国に行っていつも驚くことは、料理の種類が多いことです。

近年、外食化の拡大によって、食品廃棄物の発生量が増大し、経済損失は2000億に達しているといわれます。それだけに、資源化への取り組みには、行政も市民も関心が高く、ここ10年間で全世帯と全飲食店における分別が実施され、食品廃棄物に対しては、90%を超える資源化が達成されています。

# 韓国：

## 食品廃棄物の資源化は堆肥化がベスト！

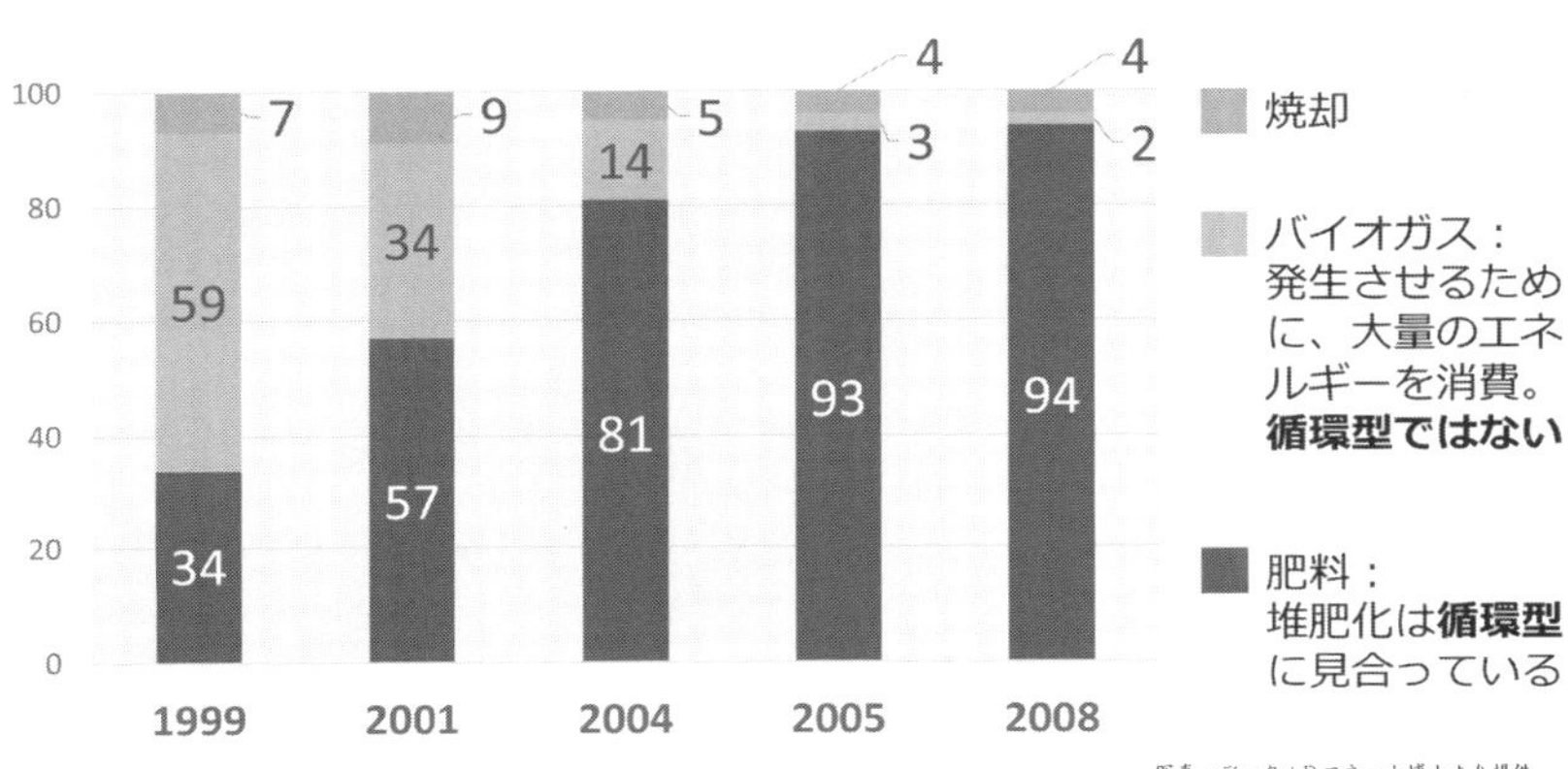


写真・データ：P.コネット博士より提供

### 韓国の取り組み

スライドに見るように、韓国の食品廃棄物の肥料化は、10年間に34％から94％に伸びました。このデータから、３つの重要な知見が読み取れます。

（1）食品廃棄物は燃やさない（資源化する）という方針が貫かれている。

（2）年々バイオガス（メタン発酵）の比率が下がっていて、堆肥化が増大している。

（3）バイオガス方式は、装置の建設費・維持費がかかり、経済効率をしっかり見極める必要がある。発生したメタンガスも、結局、燃やしてエネルギー化することになり温暖化を進める。

※一般に、生ごみを直接、土に返すのではなく、バイオガスのように「迂回経路」を重ねるほど資源化の効率が悪くなります。韓国の例でも分かるように、生ごみの資源化でも、最後に残るのは、古くからある技術に根ざした堆肥化です。

5．世界のゼロ・ウェイスト

# 日本の百万都市も、ゼロ・ウェイスト宣言を！

## 日本の百万都市もゼロ・ウェイスト宣言を

日本のゼロ・ウェイスト宣言都市は、現在までに３自治体に過ぎません。２００３年に上勝町が、日本初の宣言をして、先駆的なスタートをきりました。その後、大木町、水俣市が続きました。これらの3自治体には、それぞれの自然環境と歴史があり、また、ごみ問題に関しても固有の課題をかかえております。これをうまく生かすことが大切です。

しかし何といっても、大量のごみを廃棄しているのは都会です。日本には、約１７００もの市町村があり、総人口は1億２７００万人です。このうち、東京、大阪、名古屋市の三大都市の人口は、合計すると約１３９０万人で、11％に達します。ごみの量は、人口に比例しますから、大都市でのゼロ・ウェイストに向けた取り組みが望まれます。

※日本のごみの量は、アメリカ、ロシア、中国につぎ、世界で4番目です。20世紀、カナダ・オンタリオ出身の経済学者、ジョン・ケネス・ガルブレイスは次のようにのべています。「このままでは人類は、資源の枯渇ではなく、ごみに埋もれて滅亡するであろう」と。

## ステップアップ5

戦後の日本社会は、敗戦の復興という名目のもと、しゃにむに経済発展を追い求めてきました。その結果、今日の浪費社会が出現し、資源の枯渇、環境悪化が深刻になってきました。このままでは、未来世代に大きなツケを残すことになります。

先にものべたように、日本には1400基もの焼却炉があります。ごみ焼却は、資源のむだづかいであり、環境悪化、健康被害など、多くの欠陥をもっています。

日本のごみの量は、アメリカ、ロシア、中国につぎ、世界で4番目です。

今日、日本では、ごみを燃やすことが常識になっていますが、世界の先進自治体は、日本の非常識を尻目に脱焼却を基礎にしたゼロ・ウェイストの実現を目指して足早に進んでいます。まさしく、「日本の常識は、世界の非常識」です。

日本のごみ政策は、「ごみの燃焼」ですが、全国では、多くの市民が、生ゴミの堆肥化を中心にして、ゴミの削減と資源化に取り組んでいます。そのような足下からの行動を、日本全体の政策にまで高めよう、というのが筆者の提言です。その際、基本的な視点は「ごみになるのを作らない、ごみを燃やさない、埋め立てない」です。

ごみの焼却は、石油を燃やしてエネルギーを得るという先進国の石油文明と同根です。

# 6．浪費社会から ゼロ・ウェイスト社会へ

私たちがつくる「もったいない社会」

【キーワード】
戦略 10訓、もったいない 10訓、脱焼却

# 戦略１０訓から、もったいない１０訓へ

| 浪費社会の「戦略１０訓」 | 「もったいない１０訓」 |
| --- | --- |
| 1. もっと使わせろ | 1. もっと使うな |
| 2. 捨てさせろ | 2. 捨てるな |
| 3. 無駄遣いさせろ | 3. 無駄遣いするな |
| 4. 季節を忘れさせろ | 4. 季節を忘れるな |
| 5. 贈り物をさせろ | 5. 贈り物をするな（節度ある 贈り物を） |
| 6. 組み合わせて買わせろ | 6. 組み合わせて買うな |
| 7. きっかけに投じろ | 7. きっかけに投じるな |
| 8. 流行遅れにさせろ | 8. 流行遅れにするな |
| 9. 気安く買わせろ | 9. 気安く買うな |
| 10.混乱を作り出せ | 10.混乱を作り出すな |

## 戦略10訓

ゼロ・ウェイスト社会を創る秘密は、今日の浪費社会に潜んでいます。

ここに掲げた「戦略10訓」は、高度成長時代に作られた企業の経営指針です。しかし、この浪費を促進するエッセンスを、過去の遺産として捨て去ることはできません。今日の社会では、近年急速に発達した情報手段を駆使して、消費者の無駄遣いをかき立てるような巧妙な宣伝が、ますます盛んになっているからです。

そこで、この戦略10訓を元にして、ゼロ・ウェイスト社会の指針を作ってみましょう。

むずかしくありません。10項目を全部否定するのです。こうして出来上がった教訓を「もったいない10訓」とよぶことにします。これは、決して無理な要求ではありません。事実、戦前までの日本では、だれもが、「もったいない10訓」の生活をしていたのですから。

6．浪費社会からゼロ・ウェイスト社会へ

# まとめ

■**持続社会の本質**
自然のことは自然に学ぶ！
**物質循環** が持続性の基本

■**質量転化率とエネルギー効率の区別**
資源からエネルギーを得るには、
**質量転化率** が決定的に重要！

■**ごみ政策の課題**
大目標：**脱焼却！**
日本の常識は世界の非常識

■**ゼロ・ウェイスト社会の構築**
もったいない社会を！
**後始末科学のススメ**

浪費社会
大量生産・大量消費・大量廃棄
「合理的な愚か者」
アマルティア・セン
（ノーベル経済学賞）

ゼロ・ウェイスト社会
個性や価値観に応じて、
独自の多様な生き方が
追究できる
真の自由社会へ

## 「まとめ」：燃焼がもたらす温暖化

燃焼を「科学の目」でしっかり見つめ、特殊相対性理論の知見を用いることによって、資源がエネルギーに転化する割合、〝質量転化率〟を定量的に算出することができました。その結果分かったことは、燃焼の質量転化率が100億分の4という微少な値で、それ故に、投入した資源のほとんどが大気中に放出されることでした。こんなに大量の廃棄物質が放出されたのであれば、大気が変質することは想像に難くありません。

しかし残念なことに、燃焼が引きおこす大気の汚染は目で見ることができません。またただちに燃焼の影響が現れることがないので、私たちは、燃焼に内在する非持続性をすぐに把握することができません。しかし、ここでも世界の科学者たちによる「科学の目」が地球を取り巻く大気に向けられ、人類の存続についての極めて重大な事実を明らかにしつつあります。1988年、国連環境計画と世界気象機関が一緒になって、IPCC（気候変動に関する政府間パネル）

が設立されたのです。

ＩＰＣＣは、各国政府を通じて推薦された科学者が参加し、５～６年ごとに、最新の気候変動についての科学的な知見を評価し公表します。これには、科学的な分析、社会経済への影響、気候変動をおさえる対策などがもりこまれています。このようなＩＰＣＣの報告を見ても分かるように、まず科学的な分析が基礎にあり、その結果、この報告書は信頼できるものとなり、国際交渉においても高い評価を得ています。

２０１４年11月2日、ＩＰＣＣは、第5次統合報告を公表しました。

温暖化の主な原因が人間の活動による可能性が極めて高いと断定しています。そこで、ＩＰＣＣの結論を理解するために、まず、生物圏における物質循環を調べておきましょう。

生物圏には、海、森林、砂漠、沼など、他と区別できるまとまりのある区域がありますが、これを生態系とよびます。生態系の外観は大きく異なっていますが、すべての生態系では、太陽が当たる上層部には光合成を営む植物があます。それらは、根から水、空気中から二酸化炭素を取り入れて、太陽光エネルギーを利用しつつ、デンプンを作って成長します。植物を独立栄養生物とよびます。

一方、下層部には、植物を食べる鹿や馬などの植食動物が、さらにそれを餌にする肉食動物がいます。これが「生食連鎖」です。

植物は落ち葉をおとし、動物は排泄物を放出しますが、これらはすべて有機物です。さらに、植物が枯れ動物が死ねば有機物が堆積します。これらの有機物をデトライタスとよびます。それは、微生物によって分解されるのですが、その過程で微生物は生命維持のエネルギーを獲得します。落ち葉や死骸は、私たち人間から見ればきたないごみですが、土中や海底の微生物にとっては重要な資源です。デトライタスとそこに繁殖する微生物の間になりたつ食物連鎖を「腐食連鎖」とよびます。デトライタスは、微生物によって、無機物に分解されます。二酸化炭素は大気中に放出され、チッソ、リン、カリなどは、植物の栄養素として、ふたたび根から吸収されます。

デトライタスは有機物の炭素を二酸化炭素（$CO_2$）

に変え大気中に放出していますが、その量は約2300億トンです。この二酸化炭素は植物の光合成に再利用され、大気中の二酸化炭素の量は一定に保たれているのです。けれども産業革命以後、この定常的な自然のしくみに、化石資源（石炭、石油）の燃焼という人間の行為が割り込んできました。

産業革命後の気温上昇を「セッシ2度未満」に抑えるという国際目標があり、その達成には、大気中の二酸化炭素（$CO_2$）の総排出量を2兆9000億トンにとどめる必要があります。

しかし、すでに、1兆9000億トンが排出されており、残りは1兆トンしかありません。2011年の排出量、350億トンのペースが続けば、30年足らずで許容量をこえてしまいます。その場合、2100年には、平均気温は2・8～4・8度高くなり、海面は最大82センチ上がると推定されています。セッシ2度以上の上昇で穀物生産に悪影響があらわれ、セッシ4度以上で、食料安全保障に大きなリスクが予想されます。

IPCCは、気温上昇をセッシ2度以下に維持するためには、$CO_2$の総排出量を、2010年に比べ、2050年には41～71%、2100年には78～118%削減すべきであると指摘しています。

これは、約90年後には、燃焼から完全に脱却していなければならないことを意味します。そのためには、省エネルギーと再生エネルギーの導入が欠かせません。

本書でもこれまでに、持続性の実現のためには、脱焼却が必須であることを強調してきました。この視点が、IPCCによる科学的な考察によって、地球の温暖化という視点から把握され、世界的な認識になりつつあります。

2100年といえば、ひ孫たちの時代です。私たちの勝手きままな欲望のために、ひ孫たちの生存が脅かされることは許されません。

アジア初のノーベル経済学賞を受けたインドの経済学者、アマルティア・セン（1930～）は、浪費を貪る人間を「合理的な愚か者」と評しました。持続ある未来の創成ができるのか、今人類の力量が問われています。

## あとがき

これまで、「燃焼」という大事件を、「科学の目」で追跡してきました。

燃焼は、ごみ問題ばかりではなく、現代社会の基礎ともいうべき「石油文明」を直接支配する黒幕です。この黒幕から目をそらし、持続性を議論することは的はずれです。

この一連の大事件で明らかになった黒幕の正体は、一言でいえば「ムダの固まり」です。「科学の目」は、この黒幕の本質を暴露して、新しい事実を明らかにしました。それは石油の燃焼が「100億単位の資源のうち、99億9999万9996単位を捨てている」という恐るべき事実です。この黒幕は、ハリケーン、大雨、土砂くずれ、異常乾燥……など、さまざまな地球規模の災害を引き起こす張本人です。

科学の目・探偵団の倫理観は、「未来世代に対する暖かい思いやり」です。「自分たち世代だけが、物質的に恵まれていて、楽しい日々が送ることができればそれでいい」という発想は、「科学の目」から導かれる持続社会のあり方に反するもので、断じて許すことはできません。ところが、このわがままとも思える未来世代を無視する発想が、政治の場では、堂々とまかりとおっているのですから困ったものです。

私たちは「持続ある発展」という政治家の発言をよく耳にします。この人がいう発展とは、現代社会の経済的発展を意味するもので、石油文明を押し進めることに他なりません。本書で明らかにしたように、燃焼に依存する石油文明は非持続性をもたらす張本人です。すると「持続ある発展」とは「持続ある非持続性」となり、矛盾そのものの現れということになります。

もっとも、この心地よい言葉の響きに誘惑される政治家の心情も分からなくはありません。これまでに、「科学の目」を通して、燃焼のしくみをまともに議論する取り組みがなかったのですから。

「科学の目」によって、燃焼の非持続性が明らかになった以上、それを越える新しい文明と、それを受け入れる社会の仕組みづくりを提示しなければなりません。いろいろな経済・哲学の基礎理論や文明論などがあるでしょうが、本書では筆者の経験を基にして、ごみ問題を取り上げました。ごみ問題には、持続性の実現に向けた2つの重要な要素が含まれています。第一は、誰もが毎日かかわっており持続性の実現を肌で感じられること、第二は、ごみの焼却が、いわば、現在の石油文明の縮図になっている、ということです。

もしごみの減量と資源化が、私たち一人づつの手によって実現すれば、それは持続社会の創成に向けた確実な第一歩になるでしょう。ただし、一つだけ注意することがあります。持続性の実現は、血を流す革命ではなく、それこそ、こつこつと持続的に進めるべきもの、ということです。もったいない社会をめざす道は、時として本道からはずれることがあるかもしれませんが、細かい点に一喜一憂することなく、長期的な目標に目をむけて、軌道修正しながら進めばよいのです。

今、道路、鉄道、トンネル、橋、原発などの大型施設は、古びてごみになりつつあります。ごみと同じように、後始末に目を向ける必要がでてきたのです。本書の副題「後始末科学のススメ」には、そのような意味が込められています。

## 参考図書

- ■ 相対性理論の一世紀
  2014年　講談社学術文庫
- ■ 相対性理論 エネルギー・環境問題への挑戦
  2012年　朝日新聞出版
- ■ 物理学者はごみをこう見る
  2011年　自治体研究社
- ■ ごみゼロへの道　町田市と物理学者の挑戦
  2009年　第三文明社
- ■ 70歳物理学者の「循環健康法」
  2009年　講談社+α新書
- ■ 図解雑学　地球環境の物理学
  2007年　ナツメ社
- ■ ごみと持続性　（『月刊廃棄物』より）
  2013年10月号,11月号,12月号　日報ビジネス


**広瀬 立成 (ヒロセ タチシゲ)**

1938年、愛知県生まれ。
東京工業大学大学院博士課程物理学専攻修了。理学博士。東京大学原子核研究所、ハイデルベルク大学をへて、1971年東京都立大学（現、首都大学東京）に移り、同大学理学研究科教授。欧州原子核研究所（セルン）およびブルックヘブン国立研究所との国際共同研究、高エネルギー加速器研究機構におけるトリスタン実験などによる素粒子物理学の実験的研究を行なった。2002年度より東京都立大学名誉教授。2002年～2009年、早稲田大学・理工学術院総合研究所教授。現在、NPO 法人「町田発ゼロ・ウェイストの会」理事長を勤め、地球環境の諸課題につき物理学の視点から考察し、実践活動を行う。乗馬１級、空手２段。著書は、「量子力学」(朝日新聞出版)、「相対性理論」(朝日新聞出版)、「よくわかるヒッグス粒子」（ナツメ社）、「対称性とはなにか」「質量とヒッグス粒子」（ソフトバンククリエイティブ、サイエンスアイ新書）、「図解・雑学　燃えつきた反宇宙」（ナツメ社）、「図解・雑学　地球環境の物理学」（ナツメ社）、「図解・雑学　超ひも理論」（ナツメ社）、「超対称性から見た物質・素粒子・宇宙」（講談社ブルーバックス）、「物理学者、ゴミと闘う」（講談社現代新書）、「相対性理論の一世紀」（講談社学術文庫）ほか。


# もったいない社会をつくろう　―後始末科学のススメ―


2015年1月9日　初版　第1刷　発行

著　者　広瀬　立成
発行者　比留川　洋
発行所　株式会社　本の泉社
〒113-0033　東京都文京区本郷 2-25-6
電話 03-5800-8494　FAX 03-5800-5353
http://www.honnoizumi.co.jp/
DTP デザイン：田近裕之
印刷　亜細亜印刷株式会社
製本　株式会社　村上製本所




ISBN978-4-7807-1197-4　C2036